中等职业学校"十三五"系列教材

SHUKONG
SCHECHUANG JIAGONG JISHU

数控车床加工技术

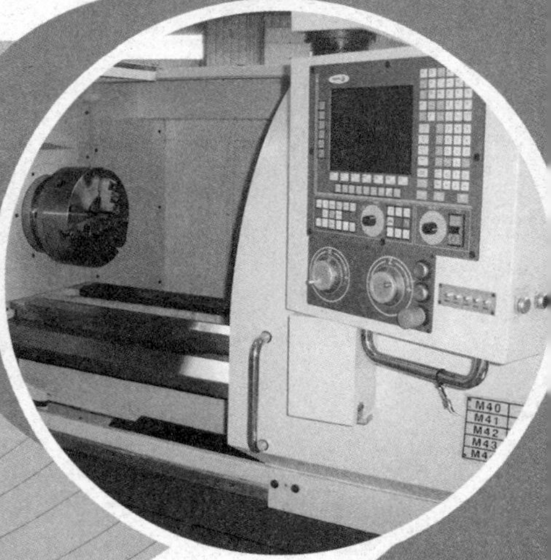

主　编　葛绍建
副主编　吴奎奎　徐宗宗
　　　　田春会　方理想
参　编　孙怀志　王良清
主　审　车国柱

合肥工业大学出版社

图书在版编目(CIP)数据

数控车床加工技术/葛绍建主编.—合肥:合肥工业大学出版社,2017.5
(2022.8重印)
ISBN 978-7-5650-3304-9

Ⅰ.①数… Ⅱ.①葛… Ⅲ.①数控机床—车床—加工工艺—中等专业学校—教材 Ⅳ.①TG519.1

中国版本图书馆CIP数据核字(2017)第053140号

数控车床加工技术

葛绍建 主 编　　　　责任编辑 张择瑞

出 版	合肥工业大学出版社	版 次	2017年5月第1版
地 址	合肥市屯溪路193号	印 次	2022年8月第2次印刷
邮 编	230009	开 本	710毫米×1010毫米 1/16
电 话	理工图书出版中心:0551-62903204	印 张	8.75
	营销与储运管理中心:0551-62903198	字 数	112千字
网 址	www.hfutpress.com.cn	印 刷	安徽昶颉包装印务有限责任公司
E-mail	hfutpress@163.com	发 行	全国新华书店

ISBN 978-7-5650-3304-9　　　　定价:22.00元

前　言

本教材的编写是以 FANUC－0i 数控车系统为平台，根据中职数控专业的教学目标，对数控车知识进行详细的讲解。为了深化职业教育改革，培养与我国现代化建设相适应的、在制造领域中从事技术应用的人才，我们在总结机械专业人才培养模式的基础上编写了本教材。

本书是以项目任务驱动式来编写，共分为 10 个项目，每一个项目都有一个知识的重点，本教材内容的编写主要体现以下几个方面：

1. 本教材编写注重理论与实践相结合，理论以“够用、必需”为度，突出与实践技能相关的必备专业知识。

2. 本教材以任务驱动的项目教学法组织编写，每个项目都以一个实际零件的加工任务为核心，引出新的数控工艺知识和数控编程指令，项目由简单到复杂，由单一到综合，根据教学层次的不同，可以进行适当的取舍。

3. 遵循职业教育规律，结合实际条件，通过项目目标、项目任务、相关知识、项目实施、拓展知识、项目实践、项目自测等部分编写教材。教材内容融零件的数控工艺、编程、加工和检测为一体，真正实现理实一体化教学。

4. 结合“双证融通”的人才培养模式，把数控车工的职业资格标准融入教材体系，注重提高学生的实践能力和岗位就业竞争能力。

本教材根据培养的目标，在内容讲解上，结合例题进行详细说明，实例从易到难，涉及数控车加工零件的各个类型，以期逐步提高学生的实践能力和岗位就业竞争力。

由于时间仓促，加上编写者水平有限，本书难免存在疏漏及不妥之处，恳请读者指正。

编　者

2017 年 4 月

目　录

项目一　数控车床的基本知识

项目目标

1. 了解数控车床的型号标记及分类；
2. 了解数控车床各组成部分及功能；
3. 知道数控车床的工作原理；
4. 知道数控车床的主要技术规格。

任务一　数控车床的结构

一、识读数控车床标记

机床的种类众多，为了管理和使用机床的方便，每种机床都有一个型号。机床型号是机床产品的代号，我国机床型号的编制按 GB/T 15375—1994《金属切削机床型号编制方法》实行。

本书内容是根据型号为 CAK6136/1000 沈阳数控车床编写而成，那么型号中的字母和数字是什么意思呢？如何解读呢？如图 1-1 所示。

二、识别数控车床组成部分及功能

数控车床与普通的车床在结构上有许多相同之处，其各组成部分功

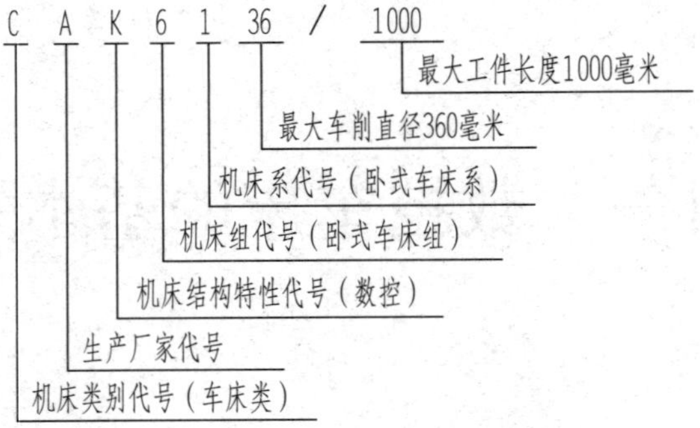

图 1－1　数控车型号标记含义

能如表 1－1 所示。

表 1－1　卧式经济型数控车床组成部分及功能

序号	名　称	功　　能
1	卡 盘	主要用来装夹工件
2	刀 架	安装车刀
3	数控操作面板	主要进行数控编程、控制运动部件、调节参数等
4	防护门	安全防护作用
5	尾 座	主要用于安装顶尖、钻头等工具
6	导 轨	主要起到支持和导向

三、数控车床的工作原理

数控车床工作原理如图 1－2 所示。由图可知，数控车床加工零件时，首先要根据零件的几何信息和工艺信息编写成加工程序，由输入部分送入数控装置，经过处理、运算，向车床各伺服系统及辅助装置发出工作指令，驱动各运动部件及辅助装置按规定顺序动作，最后加工出零件。

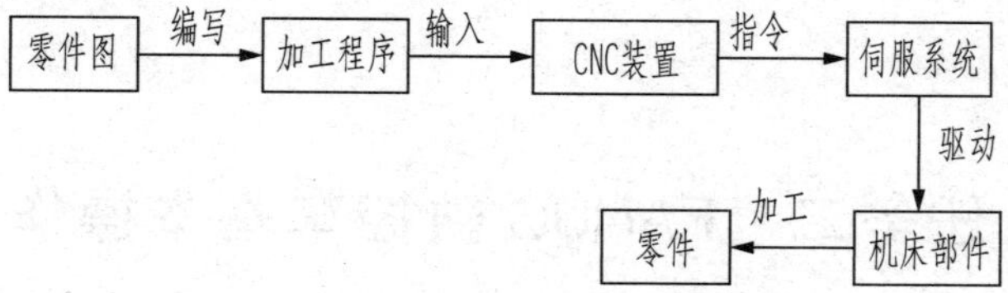

图 1－2　数控车床工作原理图

四、数控车床的主要技术参数

典型卧式数控车床 CAK6136/1000 的主要技术参数，见表 1－2。

表 1－2　CAK6136/1000 的主要技术参数

项　目	单　位	规　格
床身上最大回转直径	mm	Φ360
最大车削长度	mm	650
滑板上最大回转直径	mm	Φ180
滑板上最大切削直径	mm	Φ180
主轴通孔直径	mm	Φ53
主轴转速	r/min	200～3000
刀架形式	—	4 工位
快移速度 X/Z	mm	3.8/7.8
刀具安装尺寸	mm	20×20
床尾主轴直径	mm	Φ60
床尾主轴孔锥度	—	4 号
床尾套筒行程	mm	140
X/Z 轴重复定位精度	mm	0.012/0.016
主电机功率	kW	5.5
机床轮廓尺寸(长×宽×高)	mm	2180×1230×1700
数控系统	—	FANUC－Oi－Mate－Td
加工精度	—	IT6～IT7

任务二　FANUC 数控车基本操作

一、数控车操作面板介绍

数控车生产厂家众多，数控系统与机床操作面板各不相同，作为数控车床操作人员，应当熟悉数控系统和操作面板，这样才能根据加工要求，正确的操作机床，加工出合格的零件。

FANUC oi Mate－TD 数据系统操作面板包括了软键、软盘插口、显示器、MDI 编辑器，操作常用功能键，观察显示器上呈现的数据信息等，如图 1－3 所示。

图 1－3　FANUC 数控车系统操作面板

数控操作面板大致分为电源控制区、数控系统面板和机床控制面板三个部位，各部分功能见表1-3。

表1-3　数控操作面板各部位功能

序号	名　称	功　　能
1	电源控制	主要用于机床系统的电源的开启和关闭
2	数控系统操作面板	主要是对程序编程、调试、对刀、加工状态显示、机床参数维修等
3	机床控制面板	主要用于对数控车床进行模式选择、主轴旋转、换刀、刀架移动、照明开关、冷却液开启、主轴倍率和刀架移动速率调节等功能

二、FANUC车床的开机和关机

1. 开机步骤

1)打开机床电器柜接通电源；

2)检查风扇电动机运转是否正常；

3)数控系统接通电源；

4)检查面板上的指示灯是否正常工作；

5)左旋起“急停”按钮，解除报警信号；

6)检查机床液压泵启动是否有声音。

2. 关机步骤

1)按下“急停”按钮，断开伺服电源；

2)断开数控系统电源；

3)断开机床电源。

三、机床回参考点

数控机床在出厂时，机械坐标系是固有的，一般由厂商设定。数控系统上电后,为了准确运行,需要对机床进行回参考点即回零点,以建立机床坐标系。

回参考点(零点)时,一定要遵循先回“$+X$”轴,再回“$+Z$”轴的原则,这是防止刀架在移动时与尾座发生碰撞。

1. 回零步骤

1)将机床的系统调为“回零”方式状态,按下按钮。

2)先将 X 轴回零,按着按钮不放,等 X 轴回零点指示灯亮后,松开即可,说明 X 轴已回零点。

3)再将 Z 轴回零,按着按钮不放,等 Z 轴回零点指示灯亮后,松开即可,说明 Z 轴已回零点。

2. 回参考点的注意事项

1)机床关机后马上重新接通电源,进行回零操作;

2)机床解除急停状态后,进行回零操作;

3)机床超行程解除后,进行回零操作;

4)数控车床在“机床锁住”状态下进行程序的空运行操作后,进行回零操作。

以上几种情况下,数控系统失去对机床零点的记忆,因此必须回机床零点操作。

四、对刀

1. 对刀的目的

由于数控编程是由刀尖在坐标系中的坐标值来控制刀具移动并加工的,编程坐标值的原点称为编程原点,为了便于确定刀尖的坐标及加工路线中的坐标值,所以通过对刀把编程原点与机械坐标原点建立一定的尺寸关系,把编程原点建立在便于编程的位置,如工件的右端的回转中心,为编程的原点位置。

2. 对刀步骤

1)通过 MDI 工作方式,使主轴正转。在 MDI 方式下,输入程序“M03S400”,按循环启动按钮即可。

2)将工作方式选择“手动”方式,手动换刀选择所要对的刀具,如 1 号刀具。

3)先对 1 号刀的 Z 轴,将工作方式选择“手轮”方式,移动刀具切削工件右端面,切削后沿 X 轴的正向退出,按“主轴停止”使主轴停止。按“OFS/SET”功能键,再按“刀偏”,再按“形状”键,进入参数输入界面,如图 1－4 所示页面;在使光标移动到“GO1”所在行,在输入“Z0”后,如图 1－5 所示按显示器下面的“测量”键,完成了 1 号刀 Z 向的对刀,如图 1－5所示。

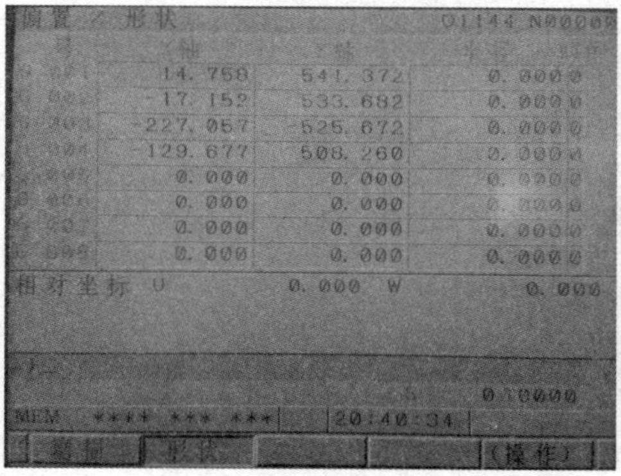

图 1－4　操作界面 1

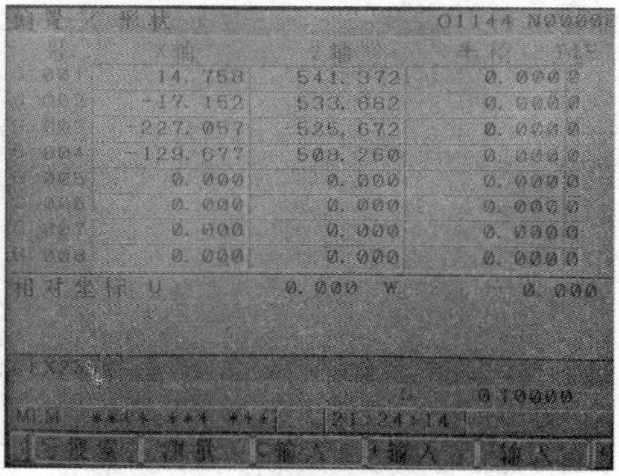

图 1－5　操作界面 2

重新使主轴转动,在手轮状态下试切工件外圆。沿 Z 轴的正方向退出,按“主轴停止”键,使主轴停止,测量试切部分的外圆尺寸,假设所测量的工件外径尺寸为 28. 34。

4)在图 1－4 所示画面“G01”输入“X28. 34”,然后在图 1－5 的界面,按“测量”按钮,完成了 1 号对刀的 X 向的对刀,这时就全部完成了 1 号刀的对刀。

3. 对刀注意事项

1)对刀之前,要先回零点;

2)如要用几把刀,要重复上述步骤,在输入参数时,光标移到相应的刀号位置,如对3号刀,把光标移动到"G03"所在行的任意一个位置即可,输入相应参数。

3)对刀时,输入的对刀参数与刀具号要对应,以免输入错误数值导致事故发生。

五、自动加工

1. 程序建立步骤

1)将机床"程序保护"锁旋到"OFF"位置,工作方式选择"编辑"模式;

2)按下"PROG"键;

3)输入程序名"O字母+4位数字",如"O1234",然后按"INSERT"功能键,显示器上显示一个空程序,程序建立完成,可以继续编辑加工程序。

注意:若输入的程序名必须是以"O"字母开头加上四位数字;如"O2569"。如输入的文件名与数控系统内已有程序名重复,则会显示报警信息。按复位键"RESET"功能键可取消报警。

2. 程序编辑

1)查找已新建的程序名时,在工作方式是"编辑"或"自动"下,输入"O1234",然后按光标移动向下的键,即可显示出"O1234"程序。

2)如果输入的程序有错误,可按"CAN"键清除。

3)还可以通过移动光标,移动到所要删除的位置,再按"DELET"键删除。

4)如果发现程序段中少了一个字符,先将光标移动到所需要位置的前一个字符，输入漏输的字符，按“INSERT”键插入，即可。

5)想删除已建立的程序时，在工作方式是“编辑”或“自动”下，输入所删除的程序名“O1234”，然后按“DELET”键删除。

3. 运行程序

1)查找所要运行的程序；

2)选择“自动加工”方式；

3)关上机床防护门；

4)按“循环启动”按钮，开始加工工件；

5)运行程序期间想停止，可以按“复位”键、“急停”键和“循环保持”键。

任务三　数控车工操作及职业规范

一、安全文明操作规范

1. 工作前认真检查机床的油泵、润滑、油量、油管、刀具是否正常和完好。

2. 机床通电后，要对机床进行预热，然后回零，再试运行确认机床运转正常。

3. 认真检查程序、参数、动作、工件装夹、开关保护等环节是否正确，调试好后，要做好程序的保护工作。

4. 工件装夹要牢靠，来防止工件飞出造成事故，装夹工件后要将卡盘扳手拿开，以免主轴旋转后甩出造成事故。

5. 自动循环加工的应关好保护门。

6. 机床操作时，若出现严重故障，应迅速断电、保护现场、及时上报，并做好事故记录。

7. 工作完成后，应将机床进行整理，做好清扫工作，并认真填写好工作日志。

二、执行“7S”职业规范

在日常生产实习工作过程中，要严格执行7S职业规范要求，消除各类安全生产隐患，构建和谐的生产环境，培养一流的职业素养。

“7S”就是整理(Seiri)、整顿(Seiton)、清扫(Seiso)、清洁(Seiketsu)、素养(Shitsuke)、安全(Safety)、节约(Saving)的意思，简称“7S”。

整理——清理旧的、不被使用的东西；清理生产现场不加工、多领用、多余的东西，腾出空间并保证生产现场规范、有序。

整顿——物质摆放须明示科目、责任管理者；工具、资料定置管理，取用方便。

清扫——去除机器、设备、生产现场赃物，清扫工作落实具体责任人；地面生产、仓、休息区、通道等区域线划分清晰，不放置任何多余物品。

清洁——持之以恒，每天坚持做好现场与设备的整理、整顿、清扫工作；经常为改善“7S”工作而努力。

素养——上班身着工作服，遇见同事，互相问好；按区域做好整理、整顿、清扫工作，始终保持地面、通道清洁；下班前工装夹具点检，用完后放回原处，清扫生产现场，设备擦拭清净，按规定关闭电源。

安全——严格遵守车间管理条例，主动防止各类安全事故；按照机床使用规程要求，安全操作、维护设备。

节约——节约时间，投入生产实训学习；节约物质，不浪费材料；节约能源，不浪费水电。

项目二　轴类零件的加工

项目目标

1. 了解数控车加工程序编程的基本特点；
2. 能熟练应用 G01 和 G00 等基本指令进行编程；
3. 能正确进行倒角和倒圆的编程。

任务一　简单阶梯轴的精加工

加工如图 2-1 所示的零件，材料为 $45^{\#}$ 钢。

一、工艺分析

1. 分析结构确定装夹方案

零件的外轮廓由外圆柱、锥面、台阶组成，最大直径为 34mm，使用自定心三爪卡盘装夹，在一次装夹中即可完成粗、精加工。

2. 工件原点

以工件右端面的圆心为工件的原点，建立工件坐标系。

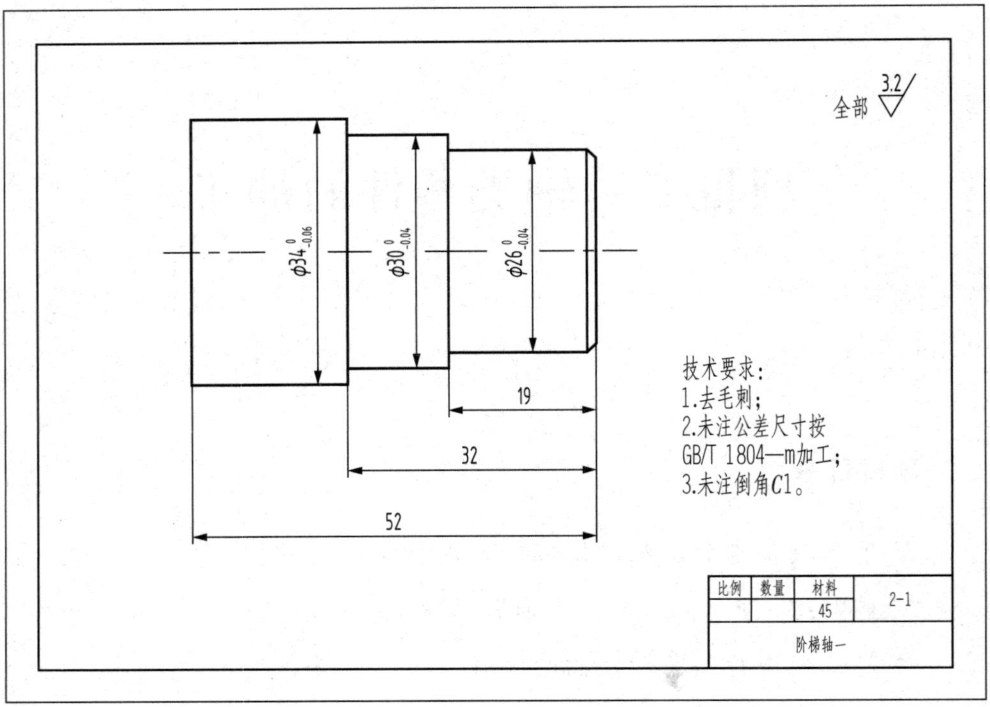

图 2－1 阶梯轴一

3. 刀具选择

采用 93°外圆车刀，刀片为 35°菱形 R0.4，刀号、刀补均为 1 号。

4. 确定切削用量

1）主轴转速：1000r/min；

2）进给速度：0.1mm/r。

二、学习相关编程知识

1. 辅助功能指令（M）

M 辅助功能指令主要用于控制数控车床辅助装置的开关动作。表 2－1 所示为 FANCU 系统常用 M 指令。

表 2-1　FANUC 系统常用 M 指令

M 代码	功　能	M 代码	功　能
M00	程序暂停	M07	—
M01	选择性停止	M08	切削液开
M02	程序结束	M09	切血液关
M03	主轴正转	M30	主程序结束，返回开始状态
M04	主轴反转	M98	调用子程序
● M05	主轴停止	M99	子程序返回

注：机床通电默认带黑点的 M 指令。

2. 进给功能指令(F)

本指令主要用于指定切削的进给速度。F 可以指定每分钟进给和主轴每转进给，对于数控车床，一般默认为每转进给。

例如：指定切削速度为 0.3mm/r，那么用 F 表示为 F0.3。

3. 主轴功能指令(S)

本指令主要用于指定主轴的转速，单位为 r/min。例如，设定主轴转速为每分钟 500 转，指令写为 S500；S800 含义就是设定主轴转速为每分钟 800 转。

4. 刀具功能指令(T)

本指令主要用于选择所要的刀具，以达到自动换刀的目的。

指令格式：T____　____　____　____；

指令是由“T+4 位数字”组成，前两位表示道具号，后两位表示刀补号。如 T0101 前两位 01 表示刀具号为 1 号刀，后两位 01 表示是 1 号刀补；T0100 表示 01 表示 1 号刀，00 表示 1 号刀补取消。

5. 快速定位指令(G00)

指令格式：G00　X(U)____　Z(W)____；

说明:1)X,Z代表目标点的绝对坐标;U,W代表目标点的相对坐标;

2)X(U)坐标按直径值输入;

3)G00为模态指令;

4)“;”表示程序段结束符号;

5)G00的移动速度一般由机床的内部参数给定。

6. 直线插补指令(G01)

指令格式:G01 X(U)____ Z(W)____ F ____;

说明:1)X,Z代表目标点的绝对坐标;U,W代表目标点的相对坐标;

2)X(U)坐标按直径值输入;

3)G01为模态指令;

4)F表示进给速度;

5)“;”表示程序段结束符号。

三、编制数控车精加工程序

选取工件的右端面的中心为工件坐标系的原点,精加工程序如表2-2所示。

表2-2 数控车削精加工程序

程序段号	程序内容	含义
	O0201	程序名
N10	G99;	指定进给速度为mm/r
N20	G00X100Z100M08;	快速定位到换刀点,打开切血液
N30	T0101;	换1号刀,调用1号刀补
N40	M03S1000;	主轴正转1000r/min
N50	G00X37Z5;	接近工件

（续表）

程序段号	程序内容	含　义
N60	X24；	走到所要加工的最小直径位置
N70	G01Z0F0.1；	接触工件
N80	X26Z—1；	精加工倒角
N90	Z—19；	精加工直径为 26 的外圆
N100	X30；	走到第二个台阶处
N110	Z—32；	精车直径为 30 的外圆
N120	X34；	走到第三个台阶处
N130	Z—52；	精车直径为 34 的外圆
N140	X35；	*X* 向退刀，
N150	G00X100；	*X* 向快速退刀
N160	Z100；	*Z* 向快速退刀，准备测量
N170	M05；	主轴停止
N180	M09；	冷却液关掉
N190	M30；	程序结束，并返回初始状态

任务二　综合轴的精加工

加工如图 2-2 所示的零件，材料为 45# 钢。

一、工艺分析

1. 分析结构确定装夹方案

零件的外轮廓由外圆柱、锥面、圆弧面组成，最大直径为 36mm，使用自定心三爪卡盘装夹，在一次装夹中即可完成粗、精加工。

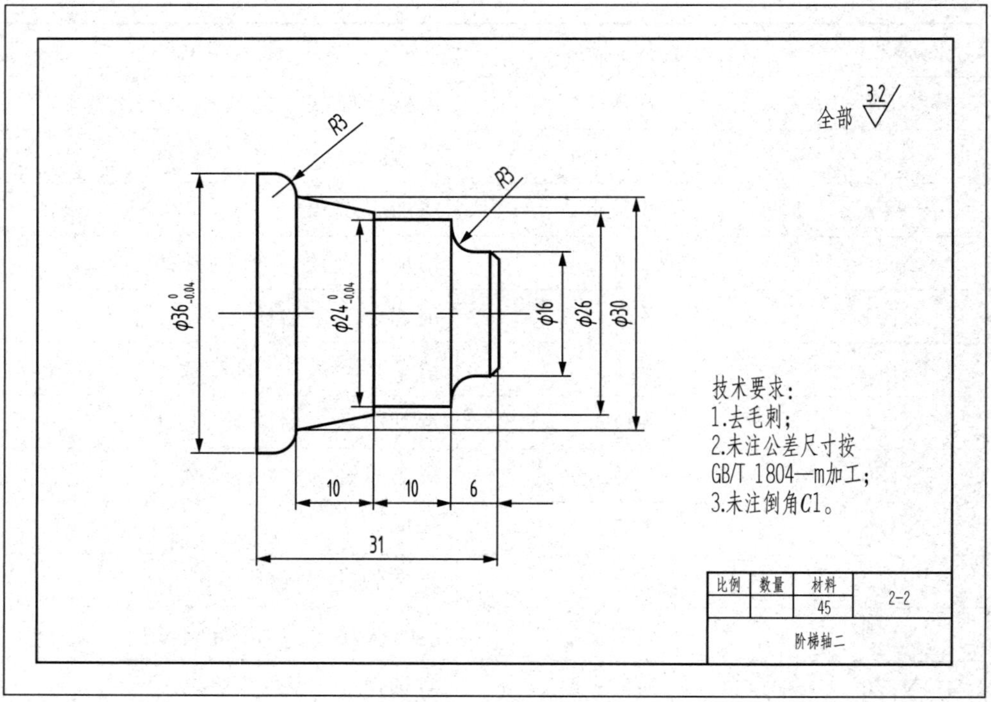

图 2-2 阶梯轴二

3. 工件原点

以工件右端面的圆心为工件的原点,建立工件坐标系。

4. 刀具选择

采用 93°外圆车刀,刀片为 35°菱形 *R*0.4,刀号、刀补均为 1 号。

5. 确定切削用量

1)主轴转速:1000r/min;

2)进给速度:0.1mm/r。

二、学习相关编程知识

1. 准备功能指令 G

G 准备功能指令主要用于控制数控车床系统工作方式。表 2-3 所示为 FANCU 系统常用 G 指令。

表 2－3　FANUC 系统常用 G 指令

G 代码	功能	G 代码	功能
● G00	快速定位	G57	工件坐标系 8
G01	直线插补	G58	工件坐标系 9
G02	逆圆插补	G70	精加工循环
G03	顺圆插补	G71	外圆粗车复合循环
G04	延时	G72	端面粗车复合循环
G20	英制尺寸	G73	固定形状粗车复合循环
● G21	公制尺寸	G76	螺纹切削复合循环
G28	返回参考点	G90	单一形状固定循环
G32	螺纹切削	G92	螺纹切削循环
● G40	取消刀尖圆弧半径补偿	G94	端面切削循环
G41	刀尖圆弧半径左补偿	G96	主轴恒线速控制
G42	刀尖圆弧半径右补偿	● G97	取消主轴恒线速控制
G50	设定坐标系	G98	每分钟进给
● G54	工件坐标系 1	G99	每转进给
G55	工件坐标系 2		
G56	工件坐标系 3		

注：机床通电默认带黑点●的 G 指令。

2. 顺时针圆弧插补指令 G02

指令格式：G02X(U)____　Z(W)____　R____　F____；

G02X(U)____　Z(W)____　I____　K____　F____；

说明：1)G02 顺时针方向圆弧插补，如图 2－3 所示，在坐标系里，从

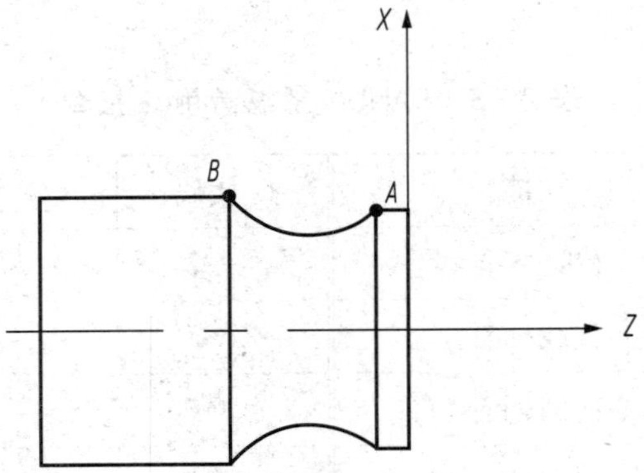

图 2-3　G02 顺时针圆弧插补示意图

A 点到 *B* 点为顺圆，所以用指令 G02；

2)X，Z 代表圆弧终点的绝对坐标值；U，W 代表圆弧终点相对于起点的相对坐标值；

3)R 是圆弧半径，当圆弧所对应得圆心角小于 180°时，R 取正值，当圆弧所对应点的圆心角大于 180°时 R 取负值。

4)I、K 都为圆心在 *X*、*Z* 轴方向相对于圆弧起始点的坐标增量，I 是半径值。如 I、K 和 R 同时出现，以 R 优先，I、K 无效；

5)F 为进给量。

6. 逆时针圆弧插补指令 G03

指令格式：G03X(U)____　Z(W)____　R____　F____；

G03X(U)____　Z(W)____　I____　K____　F____；

说明：1)G03 顺时针方向圆弧插补，如图 2-4 所示，在坐标系里，从 *A* 点到 *B* 点为逆圆，所以用指令 G03；

2)X，Z 代表圆弧终点 *B* 的绝对坐标值；U，W 代表圆弧终点相对于起点 *A* 的相对坐标值；

3)R 是圆弧半径，当圆弧所对应得圆心角小于 180°时，R 取正值，当圆弧所对应点的圆心角大于 180°时 R 取负值。

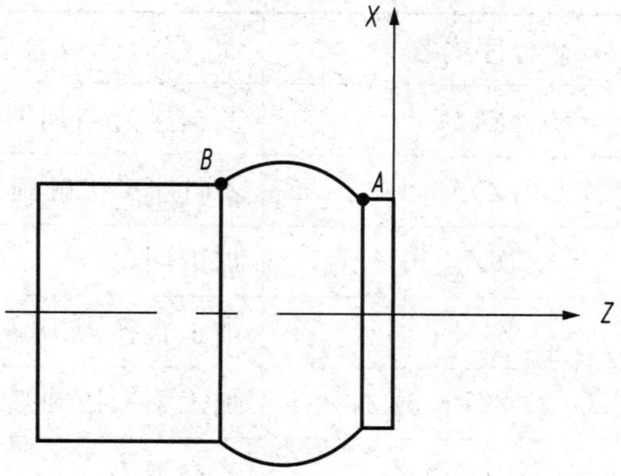

图 2-4　G03 顺时针圆弧插补示意图

4)I、K 都为圆心在 X、Z 轴方向相对于圆弧起始点的坐标增量，I 是半径值。如 I、K 和 R 同时出现，以 R 优先，I、K 无效；

5)F 为进给量。

四、编制数控车精加工程序

选取工件的右端面的中心为工件坐标系的原点，精加工程序如表 2-4所示。

表 2-4　数控车削精加工程序

程序段号	程序内容	含　义
	O0202	程序名
N10	G99；	指定进给速度为 mm/r
N20	G00X100Z100M08；	快速定位到换刀点
N30	T0101；	换 1 号刀，调用 1 号刀补
N40	M03S1000；	主轴正转 1000r/min
N50	G00Z5；	*Z* 向接近工件

（续表）

程序段号	程序内容	含　义
N55	X14；	X 向接近精加工起点
N60	G01Z0F0.1；	Z 向加工接触到工件
N70	X16Z－1；	加工倒角
N80	Z－3；	加工直径为 16 的外圆
N90	G02X22Z－6R3；	加工第一段圆弧面
N100	G01X24；	X 向退刀
N110	Z－16；	精车直径为 24 的外圆
N120	X26；	X 向退刀，走到第三个台阶处
N130	X30Z－26；	精车直径为 34 的外圆
N140	G03X36Z－29R3；	加工第二段圆弧面
N150	G01Z－31；	加工直径为 36 的外圆，
N160	G00X100；	X 向快速退刀
N170	Z100；	Z 向快速退刀，准备测量
N180	M05；	主轴停止
N190	M09；	冷却液关掉
N200	M30；	程序结束，并返回初始状态

任务三　轴的综合练习

加工如图 2－5 所示的零件，材料为 45# 钢件。

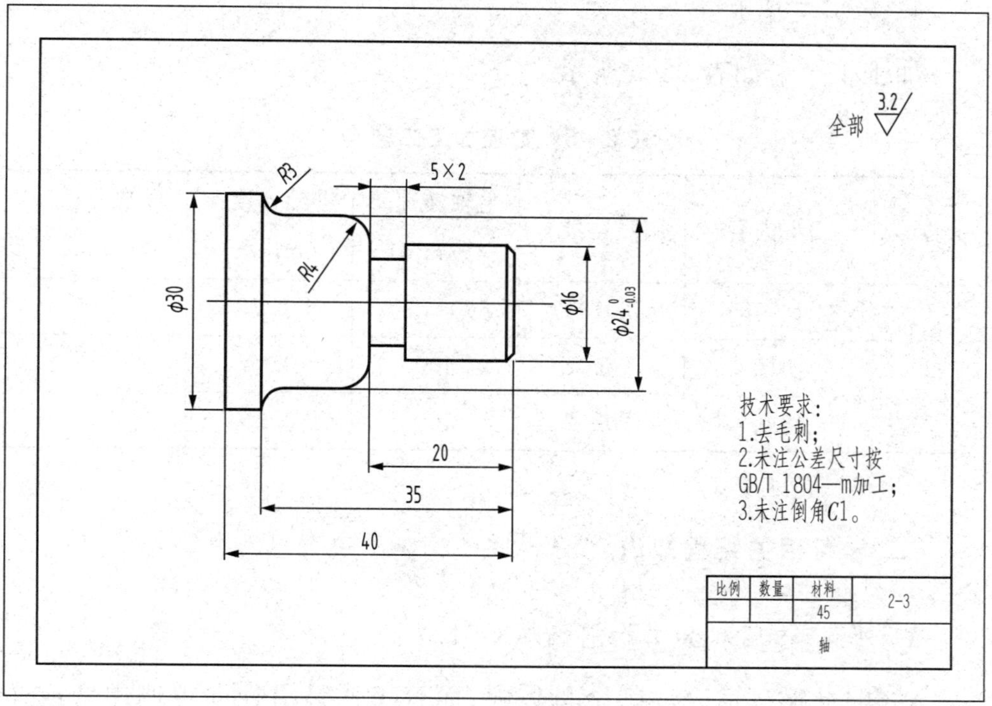

图 2-5　轴一

一、工艺分析

1. 分析结构确定装夹方案

零件的外轮廓由外圆柱、倒角、台阶、槽组成,最大直径为 30mm,可采用直径为 32mm 的毛坯料,使用自定心三爪卡盘装夹,在一次装夹中即可完成精加工。

2. 工件原点

以工件右端面的圆心为工件的原点,建立工件坐标系。

3. 刀具选择

1)采用 93°外圆车刀,刀片为 35°菱形 *R*0.4,刀号、刀补均为 1 号。

2)采用槽刀,宽为 3mm,刀号、刀补均为 2 号。

4. 加工工序卡

加工工序卡如表 2－5 所示。

表 2－5　数控加工工艺卡

工步号	工步内容	刀具号	主轴转速 S (r/min)	进给速度 F (mm/r)	背吃刀量 a_p (mm)
1	粗车/精车	T0101	600/1000	0.2/0.1	1.5/0.5
2	切槽	T0202	400	0.05	
3	切断	T0202	400	0.05	

二、学习相关编程知识

1. 外圆/内圆粗加工切削循环 G71

功能：此循环适合切削余量较大，而且工件是沿径向单调递增或递减轮廓。

指令格式：G71 U(Δd)R(Δe)；

G71 P(ns)Q(nf)U(Δu)W(Δw)F(f)S(s)T(t)；

说明：1)Δd 为背吃刀量，无正负号，半径指定；

2)Δe 为退刀量；

3)ns 为精加工轮廓程序段中开始程序段的段号；

4)nf 为精加工轮廓程序段中结束程序段的段号；

5)Δu 为 X 轴向精加工余量，直径指定，正值为加工外圆，负值为加工内孔；

6)Δw 为 Z 轴向精加工余量；

7)f 为 F 代码(进给量)。

注：G71 加工的路线是沿着工件的轴向进行循环加工，即加工的路线平行于 Z 轴。加工的零件的轮廓不能带有凹槽，X 值必须是随着 Z

值的增加或减小。

2. 精加工循环(G70)

指令格式:G70 P(ns)Q(nf)F(f);

说明:1)ns 为精加工轮廓程序段中开始程序段的段号;

2)nf 为精加工轮廓程序段中结束程序段的段号;

3)f 为 F 代码(进给量)。

注:1)G70 主要是在 G71、G72、G73 粗车循环后的精车循环指令。

2)由 G71 完成粗加工后,用 G70 进行精加工。精加工时,G71 程序段中的 F、S、T 指令对 G70 无效,只有在 ns～nf 程序段中的 F、S、T 指令对 G70 才有效。

3. 暂停延时指令 G04

指令格式:G04X ____ 或者 G04P ____;

说明:1)X,P 表示暂停的时间;

2)X 暂停时间单位为 s;

3)P 暂停时间单位为 ms。

作用:执行本指令刀具会暂停一段时间,本指令为非模态指令。

注:本指令可在车槽时使用,在槽底暂停时间,保证槽底的精度。

五、编制数控车加工程序

选取工件的右端面的中心为工件坐标系的原点,加工程序如表 2－6 所示。

表 2－6　数控车削加工程序

程序段号	程序内容	含　义
	O0203	程序名
N10	M03S600T0101;	主轴正转 600r/min,选用 1 号刀具

（续表）

程序段号	程序内容	含　义
N20	G00X32Z2；	粗车循环起点
N30	G71U1R0.5；	粗车背吃刀量 1mm，退刀量 0.5mm
N40	G71P50Q130U0.5F0.3；	*X* 精加工余量 0.5mm，进给速度 0.3mm/r
N50	G00X14；	精加工起点
N60	G01Z0；	进刀到工件端面，即倒角起点
N70	X16Z－1；	车削倒角 *C*1
N80	Z－20；	车削 *Φ*16 外圆
N90	G03X24Z－24R4；	加工第一段圆弧
N100	G01Z－32；	车削外圆 *Φ*24，至下个圆弧起点
N110	G02X30Z－35R3；	加工第二段圆弧
N120	G01Z－43；	车削外圆 *Φ*30 外圆
N130	X32；	精加工终点
N140	G70P50Q130S1000F0.1；	精加工循环，主轴正转 1000r/min，进给速度 0.1mm/r
N150	G00X100Z100；	快速退到换刀点
N160	T0202；	换割刀
N170	M03S400；	主轴转速 400r/min，准备切槽
N180	G00X24Z－20；	快速定位切槽的位置
N190	G01X12F0.05；	切尺寸为“5×2”槽
N200	G04X1；	槽底暂停 1s
N210	G01X17；	切槽退刀
N220	W2；	右移 2mm，相对编程
N230	X12；	切槽
N240	G04X1；	槽底暂停 1s

（续表）

程序段号	程序内容	含　　义
N250	G01X17；	切槽退刀至 Φ17
N260	G00X100；	X 向退刀
N270	Z100；	Z 向退刀
N280	M05；	主轴停止
N290	M30；	程序暂停并返回起始程序

任务四　固定形状粗车循环指令的应用

加工如图 2－6 所示的零件，材料为 45# 钢件。

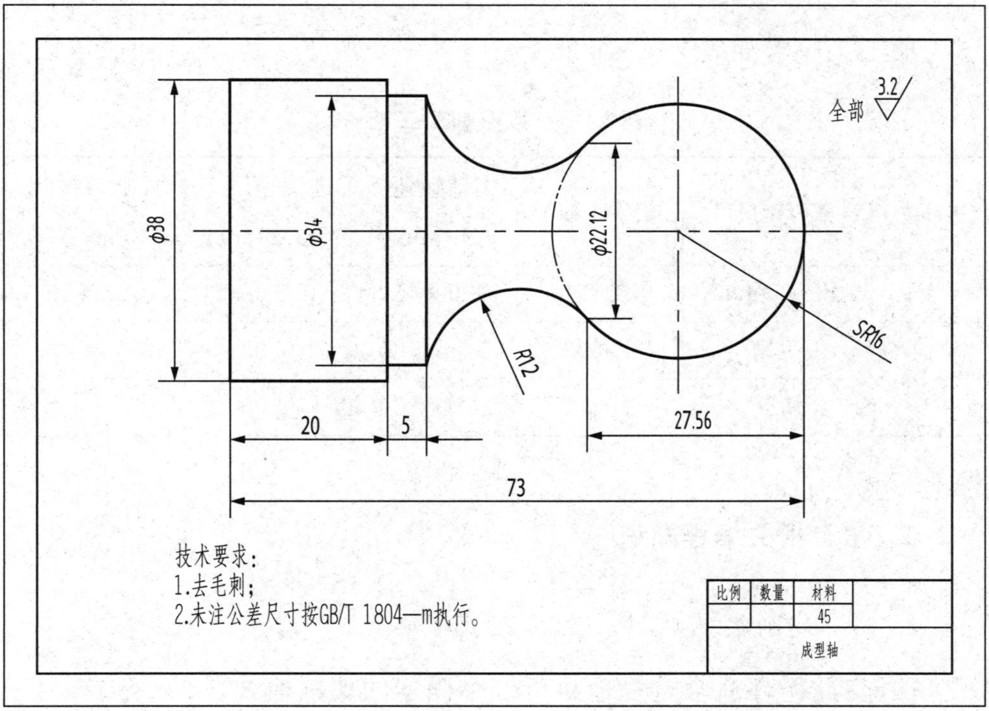

图 2－6　成型轴

一、工艺分析

1. 分析结构确定装夹方案

零件的外轮廓由外圆柱、组成，最大直径为 38mm，可采用直径为 40mm 的毛坯料，使用自定心三爪卡盘装夹，在一次装夹中即可完成精加工。

2. 工件原点

以工件右端面的圆心为工件的原点，建立工件坐标系。

3. 刀具选择

1)采用 93°外圆车刀，刀片为 35°菱形 $R0.4$，刀号、刀补均为 1 号。

2)采用槽刀，宽为 3mm，刀号、刀补均为 2 号。

4. 加工工序卡

加工工序卡如表 2－7 所示。

表 2－7　数控加工工艺卡

工步号	工步内容	刀具号	主轴转速 S (r/min)	进给速度 F (mm/r)	背吃刀量 a_p (mm)
1	粗车/精车	T0101	600/1000	0.2/0.1	1.5/0.5
2	切槽	T0202	400	0.05	
3	切断	T0202	400	0.05	

二、学习相关编程知识

1. 闭环切削循环 G73

功能：此循环适合重复地执行一个固定的切削模式。

指令格式：G73 U(Δi)W(Δk)R(d)；

G73 P(ns)Q(nf)U(Δu)W(Δw)F(f)S(s)T(t)；

说明：1)Δi 为 X 轴方向的退刀距离，半径值，指定粗车时径向切除的余量；

2)Δk 为 Z 轴方向的退刀距离，Z 向切除的余量；

3)d 为分割次数，即粗加工循环次数；

4)Δe 为退刀量；

5)ns 为精加工轮廓程序段中开始程序段的段号；

6)nf 为精加工轮廓程序段中结束程序段的段号；

7)Δu 为 X 轴向精加工余量，直径指定；

8)Δw 为 Z 轴向精加工余量；

9)f 为 F 代码(进给量)。

三、编制数控车加工程序

选取工件的右端面的中心为工件坐标系的原点，加工程序如表 2-8 所示。

表 2-8　数控车削加工程序

程序段号	程序内容	含　　义
	O0204	程序名
N10	M03S600T0101；	主轴正转 600r/min，选用 1 号刀具
N20	G00X32Z2；	粗车循环起点
N30	G73U20R20；	粗车背吃刀量 1mm，退刀量 1mm
N40	G73P50Q120U0.5F0.3；	X 精加工余量 0.5mm，进给速度 0.3mm/r
N50	G00X0；	精加工起点
N60	G01Z0；	进刀至工件端面
N70	G03X22.12Z−27.56R16；	加工第一段圆弧

（续表）

程序段号	程序内容	含　义
N80	G02X34Z－48R12；	加工第二段圆弧
N90	G01W－5；	左移 5mm，相对编程
N100	X38；	X 退刀至 Φ38
N110	Z－76；	车削外圆 Φ38
N120	X42；	X 退刀至 Φ42
N130	G70P50Q120S1000F0.1；	精加工循环，主轴正转 1000r/min，进给速度 0.1mm/r
N140	G00X100Z100；	快速退到换刀点
N150	T0202；	换割刀
N160	M03S400；	主轴转速 400r/min，准备切槽
N170	G00X24Z－22；	快速移动到切槽的位置
N180	G01X12F0.05；	切槽，第一刀
N190	G04X1；	暂停 1s
N200	G01X17；	退刀至 Φ17
N210	W2；	右移 2mm
N220	X12；	切槽，第二刀
N230	G04X1；	暂停 1s
N240	G01X17；	退刀至 Φ17
N250	G00X100；	X 向退刀
N260	Z100；	Z 向退刀
N270	M05；	主轴停止
N280	M30；	程序暂停并返回起始程序

项目三　套类零件的加工

项目目标

1. 掌握数控指令在套类零件的应用；

2. 掌握套类零件的工艺编排；

3. 能熟练掌握刀具补偿参数的调整。

任务一　内阶梯孔的加工

加工如图 3-1 所示的零件，材料为 45# 钢。

一、工艺分析

1. 分析结构确定装夹方案

零件的结构由内圆柱面、台阶、内圆锥面组成，最大直径为 50mm，可采用直径为 52mm 的毛坯料，使用自定心三爪卡盘装夹，在一次装夹中即可完成加工。

2. 工件原点

以工件右端面的圆心为工件的原点，建立工件坐标系。

3. 刀具选择

1)选用中心钻、直径为 18mm 的钻头，打孔。

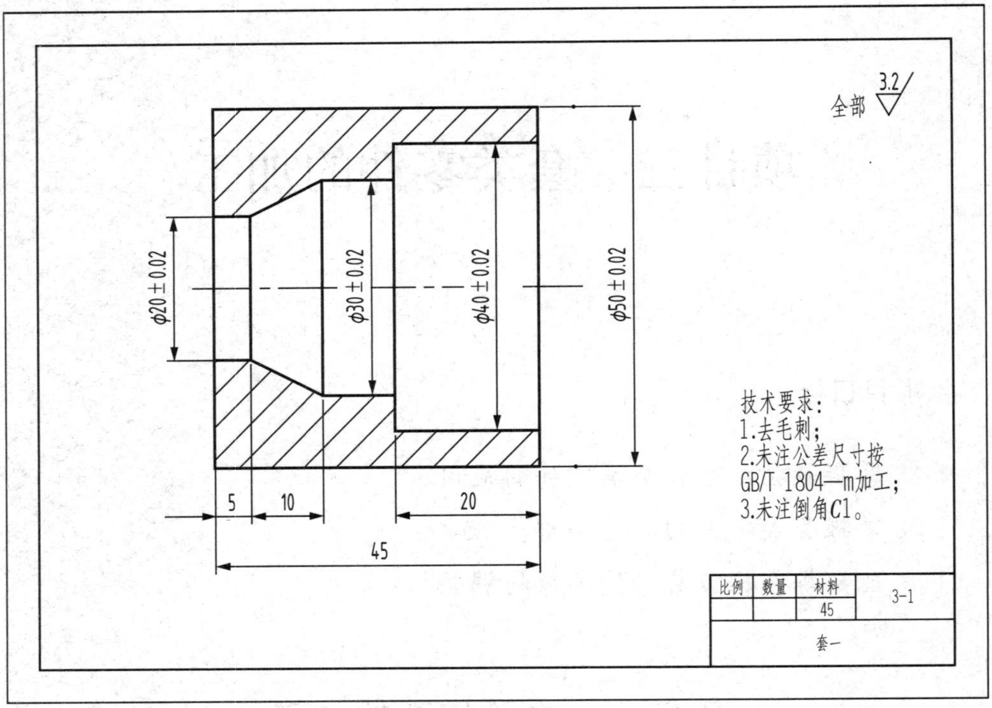

图 3-1 套一

2)采用 93°外圆车刀，刀片为 35°菱形 $R0.4$，刀号、刀补均为 1 号。

3)采用刀杆直径为 16mm 的内孔车刀，刀号、刀补均为 2 号。

4)采用槽刀，宽为 3mm，刀号、刀补均为 3 号。

4. 加工工序卡

加工工序卡如表 3-1 所示。

表 3-1 数控加工工艺卡

工步号	工步内容	刀具号	主轴转速 S (r/min)	进给速度 F (mm/r)	背吃刀量 a_p (mm)
1	钻中心孔	—	1000	—	—
2	用 $\Phi16$ 的麻花钻钻孔深 50mm	—	350	—	—

（续表）

工步号	工步内容	刀具号	主轴转速 S（r/min）	进给速度 F（mm/r）	背吃刀量 a_p（mm）
3	粗/精车外圆	T0101	600/1000	0.2/0.1	1/0.5
4	粗/精车内孔	T0202	600/1000	0.2/0.1	1/0.5
5	切断	T0303	300	0.05	—

二、学习相关编程知识

1. 外圆/内圆粗加工切削循环(G71)

指令格式：G71 U(Δd)R(Δe)；

G71 P(ns)Q(nf)U(Δu)W(Δw)F(f)S(s)T(t)；

说明：1)Δu 为 X 轴向精加工余量，直径指定；正值为加工外圆，负值为加工内孔。

注：G71 加工内孔时注意 X 向的精加工余量值的正负值，同时还要注意循环起点位置。

三、编制数控车加工程序

选取工件的右端面的中心为工件坐标系的原点，加工程序如表 2－8 所示。

表 3－2　数控车削加工程序

程序段号	程序内容	含　义
	O0301	程序名
N10	M03S600T0101；	主轴正转 600r/min，选用 1 号刀具
N20	G00X52Z2；	G71 循环起点
N30	G71U1R0.5；	粗车循环，背吃刀量 1mm，退刀 0.5mm

（续表）

程序段号	程序内容	含　　义
N40	G71P50Q70U0.5F0.2；	精车余量0.5mm,进给速度为0.2mm/r
N50	G00X50；	快速定位到精车起点
N60	G01Z－48；	车削外圆 Φ50
N70	G01X54；	退刀至 Φ54
N80	G70P50Q70S1000F0.1；	精车循环,主轴转速 1000r/min,进给速度为 0.1mm/r
N90	G00X100Z100；	退到换刀点
N100	T0202；	换内孔车刀,准备加工内孔
N110	M03S600F0.2；	主轴正转,转速为 600r/min,进给速度为 0.2mm/r
N120	G00X18Z2；	内孔车削循环起点,注意其坐标值要与打孔的直径对应
N130	G71U1R0.5；	粗车循环,背吃刀量为 1mm,退刀 0.5mm
N140	G71P150Q210U－0.8F0.2；	*U* 值为负值加工内孔
N150	G00X40；	快速定位到 Φ40
N160	G01Z－20；	车削外圆 Φ40,长 20mm
N170	X30；	退刀至 Φ30
N180	Z－30；	车削长度为 30mm
N190	X20Z－40；	车削锥度
N200	Z－48；	车削内孔 Φ20,长 48mm
N210	X18；	退至 Φ18
N220	G70P150Q210S1000F0.1；	精加工内孔循环,转速 1000r/min,进给速度 0.1mm/r

（续表）

程序段号	程序内容	含　　义
N230	G00Z100；	快速退刀
N240	X100；	快速退刀
N250	T0303；	换刀，准备切断
N260	M03S400F0.05	主轴正转 400r/min，0.05mm/r
N270	G00Z－48；	快速定位到切断位置
N280	G01X18；	切断
N290	G00X100Z100；	快速退刀
N300	M05；	主轴停止
	M30；	程序暂停并返回起始程序

任务二　综合孔的加工

加工如图 3-2 所示的零件，材料为 $45^{\#}$ 钢。

一、工艺分析

1. 分析结构确定装夹方案

零件的结构由内圆柱面、台阶、内圆弧面、槽等结构组成，最大直径为 50mm，可采用直径为 52mm 的毛坯料，使用自定心三爪卡盘装夹，在一次装夹中即可完成加工。

2. 工件原点

以工件右端面的圆心为工件的原点，建立工件坐标系。

3. 刀具选择

1）选用中心钻、直径为 18mm 的钻头，打孔。

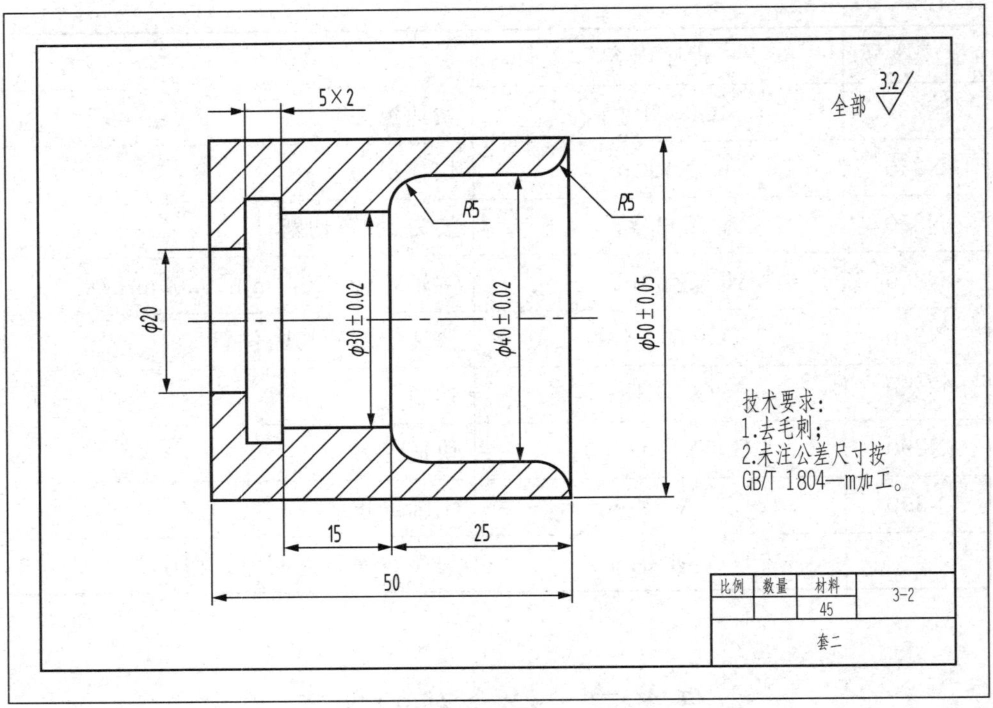

图 3－2　套二

2)采用 93°外圆车刀,刀片为 35°菱形 $R0.4$,刀号、刀补均为 1 号。

3)采用刀杆直径为 16mm 的内孔车刀,刀号、刀补均为 2 号。

4)采用外槽刀,宽为 3mm,刀号、刀补均为 3 号。

5)内槽刀,宽为 3 毫米,刀号、刀补均为 4 号。

5. **加工工艺卡**

加工工艺卡如表 3－3 所示。

表 3－3　数控加工工艺卡

工步号	工步内容	刀具号	主轴转速 S (r/min)	进给速度 F (mm/r)	背吃刀量 a_p (mm)
1	钻中心孔	—	1000	—	—

（续表）

工步号	工步内容	刀具号	主轴转速 S（r/min）	进给速度 F（mm/r）	背吃刀量 a_p（mm）
2	用 Φ16 的麻花钻钻孔深 50mm	—	350	—	—
3	粗/精车外圆	T0101	600/1000	0.2/0.1	1/0.5
4	粗/精车内孔	T0202	600/1000	0.2/0.1	1/0.5
5	内槽刀	T0303	350	0.05	—
6	切断	T0404	3500	0.05	—

二、编制数控车加工程序

选取工件的右端面的中心为工件坐标系的原点，加工程序如表 3－4 所示。

表 3－4　数控车削加工程序

程序段号	程序内容	含　　义
	O0302	程序名
N10	M03S600T0101；	主轴正转 600r/min，选用 1 号刀具
N20	G00X52Z2；	车削外圆
N30	G71U1R0.5；	粗车循环，背吃刀量为 1mm，退刀 0.5mm
N40	G71P50Q70U0.5F0.3；	精车余量 0.5mm
N50	G00X50；	快速定位到 Φ50
N60	G01Z－48；	车削长度为 48mm
N70	G01X54；	退刀至 Φ54
N80	G70P50Q70S1000F0.1；	精车加工，主轴转速 1000r/min，进给速度为 0.1mm/r

（续表）

程序段号	程序内容	含　义
N90	G00X100Z100；	退到换刀点
N100	T0202；	换内孔车刀，准备加工内孔
N110	M03S600；	主轴正转，转速为 600r/min
N120	G00X18Z2；	内孔车削循环起点，注意其坐标值要与钻孔的直径对应
N130	G71U1R0.5；	粗车循环，背吃刀量为 1mm，退刀 0.5mm
N140	G71P150Q230U－0.8F0.2；	*U* 值为负值加工内孔
N150	G00X50；	快速定位到 Φ50
N160	G01Z0；	车削至工件端面
N170	G02X40Z－5R5；	加工圆弧
N180	G01Z－20；	车削长度为 20mm
N190	G03X30Z－25R5；	加工圆弧
N200	G01Z－45；	车削 Φ30 长度为 45mm
N210	X20；	退刀至 Φ20
N220	Z－53；	车削外圆 Φ20，长 53
N230	X18；	退刀至 18
N240	G70P150Q230S1000F0.1；	精加工内孔循环
N250	G00Z100；	快速退刀
N260	X100；	快速退刀
N270	T0303；	换切槽刀，切槽
N280	M03S350F0.05；	主轴正转转速为 350r/min，0.05mm/r
N290	G00X28；	快速定位至 Φ28
N300	Z－43；	定位到 43mm 位置
N310	G01X34；	切槽至 Φ34

（续表）

程序段号	程序内容	含　　义
N320	X28；	退刀至 $\Phi28$
N330	Z－45；	定位到 45mm 的位置
N340	X34；	切削到 $\Phi34$ 的位置
N350	X28；	退刀至 $\Phi28$ 的位置
N360	G00Z100；	Z 向快速退刀
N370	X100；	X 向快速退刀
N380	T0404；	换切断刀，切断
N390	M03S400F0.05	主轴正转转速为 400r/min，0.05mm/r
N400	G00Z－48；	快速定位到 48mm 的位置
N410	G01X18；	切断
N420	G00X100Z100；	快速退刀
N430	M05；	主轴停止
N440	M30；	程序结束

任务三　刀具半径补偿的应用

加工如图 3－3 所示的零件，材料为 45# 钢。

一、工艺分析

1. 分析结构确定装夹方案

零件的结构由内圆柱面、内圆锥面、台阶、内圆弧面等结构组成，最

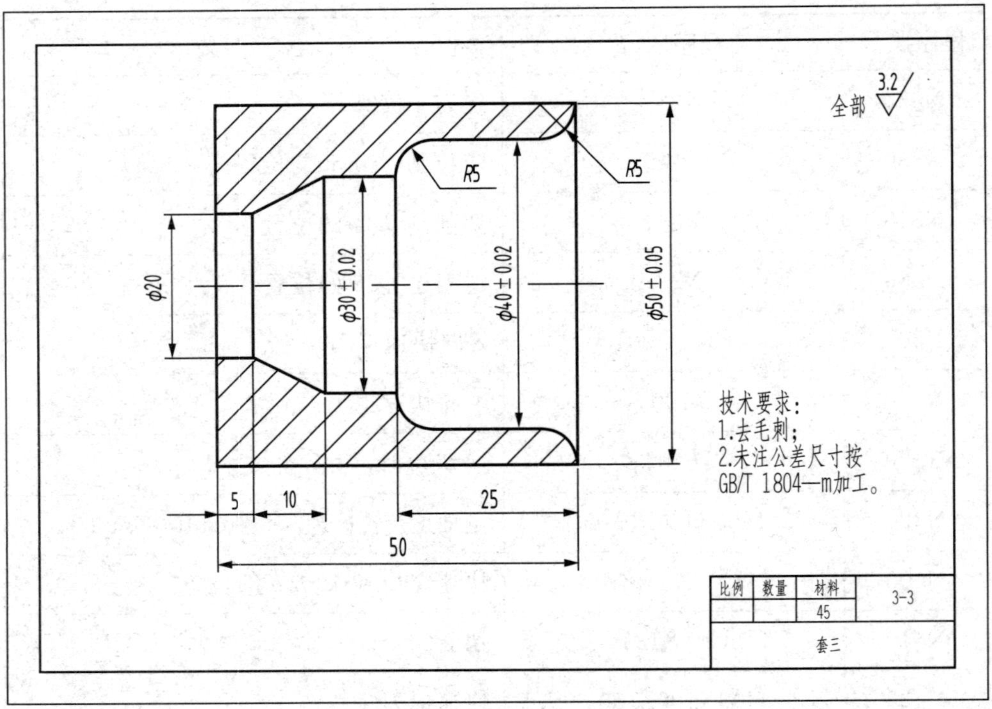

图 3-3 套三

大直径为 41mm,可采用直径为 43mm 的毛坯料,使用自定心三爪卡盘装夹,在一次装夹中即可完成加工。

2. 工件原点

以工件右端面的圆心为工件的原点,建立工件坐标系。

3. 刀具选择

1)选用中心钻、直径为 18mm 的钻头,打孔。

2)采用 93°外圆车刀,刀片为 35°菱形 *R*0.4,刀号、刀补均为 1 号。

3)采用刀杆直径为 16mm 的内孔车刀,菱形 *R*0.4,刀号、刀补均为 2 号。

4)采用外槽刀,宽为 3mm,刀号、刀补均为 3 号。

4. 加工工序卡

加工工序卡如表 3－5 所示。

表 3－5 数控加工工艺卡

工步号	工步内容	刀具号	主轴转速 S (r/min)	进给速度 F (mm/r)	背吃刀量 a_p (mm)
1	钻中心孔	—	1000	—	—
2	用 Φ16 的麻花钻钻孔深 50mm	—	350	—	—
3	粗/精车外圆	T0101	600/1000	0.2/0.1	1/0.5
4	粗/精车内孔	T0202	600/1000	0.2/0.1	1/0.5
5	切断	T0303	300	0.05	—

二、学习相关编程知识

1. 刀具半径补偿

由于数控刀具的刀尖是一段圆弧，而对刀的点在理论的刀尖位置，所以切削时，刀具是在用刀尖圆弧上进行切削，对刀点与切削点有不一致的现象，这样就会产生误差。

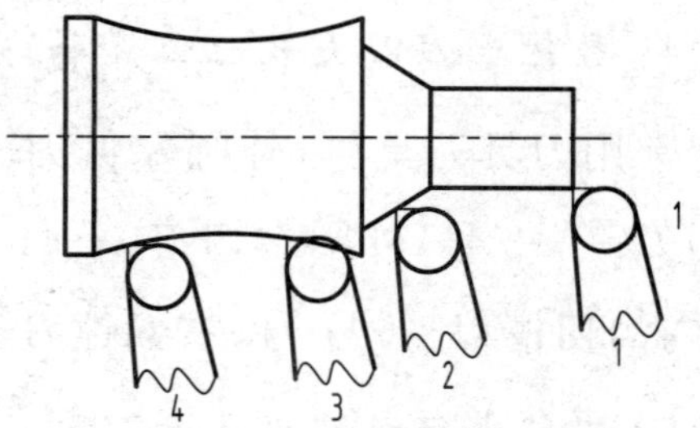

图 3－4 过切和欠切现象

这种误差主要是在切削锥面曲面时有误差，有过切或欠切现象，如图 3－4 所示，1 号正常切削；2 号位欠切；3 号过切；4 号欠切。

2. 解决办法

过切或欠切,可通过机床参数设置“刀具刀补设置”和刀具半径指令,在原程序的基础上,偏移一定的距离,来解决误差。

3. 刀具补偿指令 G40、G42、G41

格式:G00、G01+G40、G41、G42+X____ Z____ F____

说明:1)G40 为取消刀尖半径补偿;

2)G41 为左刀补(在刀具前进方向左侧补偿);

3)G42 为右刀补(在刀具前进方向右侧补偿);

4)X、Z 为建立刀补或取消刀补的终点坐标。

注意:G40、G41、G42,都是模态代码,可互相注销;使用时,需要刀具补偿号输入机床参数(刀尖方位如图 3-5;刀尖半径补偿的建立与取消只能用 G00、G01,不能使用 G02 或 G03)。

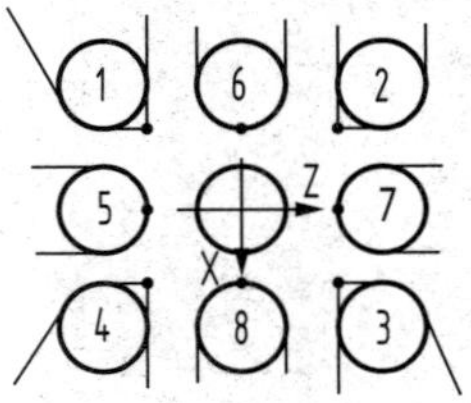

图 3-5 车刀刀尖位置码

4. 数控车刀刀尖相应位置码

常用刀具刀具号:外圆左偏刀——3 号;外圆右偏刀——4 号;外圆左切刀——3 号;外圆右切刀——4 号;镗孔刀——2 号;球头镗刀——6 号;内沟切槽刀——2 号;右偏镗刀——1 号。

5. 刀具半径补偿设置步骤

1)建立刀具半径补偿;

2)刀补进行;

3)刀补取消。

三、编制数控车加工程序

选取工件的右端面的中心为工件坐标系的原点，加工程序如表 3－6 所示。

表 3－6　数控车削加工程序

程序段号	程序内容	含　义
	O0303	程序名
N10	M03S600T0101；	主轴正转 600r/min，选用 1 号刀具
N20	G00X52Z2；	快速定位到循环起点
N30	G71U1R0.5；	粗车循环，背吃刀量为 1mm，退刀 0.5mm
N40	G71P50Q70U0.5F0.3；	精车余量 0.5mm，0.3mm/r
N50	G00X50；	快速定位到 Φ50
N60	G01Z－55；	车削外圆 Φ50，长度为 55mm
N70	G01X54；	退刀至 Φ54
N80	G70P50Q70S1000F0.1；	精车外圆，主轴转速 1000，0.1mm/r
N90	G00X100Z100；	退到换刀点
N100	T0202；	换内孔车刀，准备加工内孔
N110	M03S600；	主轴正转，转速为 600r/min
N120	G00X18Z2；	内孔车削循环起点，注意其坐标值要与钻孔的直径对应
N130	G71U1R0.5；	粗车循环
N140	G71P150Q230U－0.8F0.2；	*U* 值为负值加工内孔
N150	G00G41X50；	快速定位到 Φ50，G41 建立刀补

（续表）

程序段号	程序内容	含　　义
N160	G01Z0；	车削至工件端面
N170	G02X40Z－5R5；	加工圆弧
N180	G01Z－20；	车削内孔 Φ40 的内孔
N190	G03X30Z－25R5；	加工圆弧
N200	G01Z－35；	车削 Φ30 的内孔
N210	X20Z－45；	车削锥度
N220	Z－53；	车削 Φ20 内孔
N230	G01G40X18；	取消刀补
N240	G70P150Q230S1000F0.1；	精加工内孔
N250	G00Z100；	Z 向快速退刀
N260	X100；	X 向快速退刀
N270	T0303；	换切断刀，切断
N280	M03S400F0.05	主轴正转，转速为 400r/min，0.05mm/r
N290	G00Z－53；	快速定位到 53 的位置
N300	G01X18；	切断
N310	G00X100Z100；	快速退刀
N320	M05；	主轴停止
N330	M30；	程序结束

项目四　盘类零件的加工

项目目标

1. 掌握盘类零件的加工工艺知识；
2. 熟练掌握盘类零件程序编程和调试。

任务一　盘类零件加工训练一

加工如图 4－1 所示的零件，材料为 $45^{\#}$ 钢。

一、工艺分析

1. 分析结构确定装夹方案

零件的外轮廓由外圆柱、锥面、台阶组成，最大直径为 60mm，可以使用直径为 62mm 的毛坯，使用自定心三爪卡盘装夹，在 2 次装夹中即可完成加工。

2. 工件原点

以工件右端面的圆心为工件的原点，建立工件坐标系。

3. 刀具选择

1)采用 93°外圆车刀，刀片为 80°菱形 $R0.4$，刀号、刀补均为 1 号。

2)采用刀杆直径为 16mm 的内孔车刀,刀号、刀补均为 2 号。

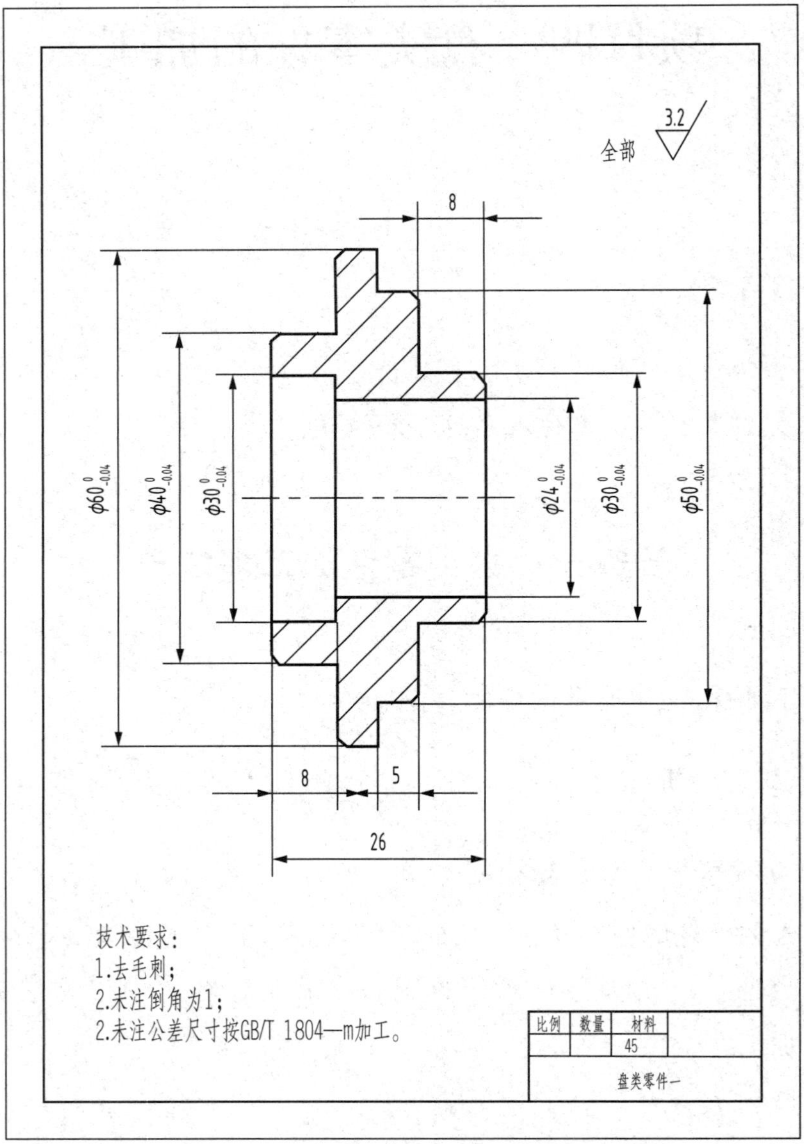

图 4-1　盘类零件一

4. 加工工序卡

加工工序卡如表 4－1 所示。

表 4－1　数控加工工艺卡

工步号	工步内容	刀具号	主轴转速 S(r/min)	进给速度 F(mm/r)	背吃刀量 a_p(mm)
1	钻中心孔	—	1000	—	—
2	用Φ20的麻花钻钻孔深 50mm	—	350	—	—
3	粗/精车右外圆	T0101	600/1000	0.2/0.1	1/0.5
4	粗/精车左外圆	T0101	600/1000	0.2/0.1	1/0.5
5	粗/精车内孔	T0202	600/1000	0.2/0.1	1/0.5
6	切断	T0303	300	0.05	—

二、学习相关编程知识

1. 端面循环切削(G72)

功能:适合加工盘类零件。

指令格式:G72 W(Δd)R(Δe);

　　　　G72 P(ns)Q(nf)U(Δu)W(Δw)F(f)S(s)T(t);

说明:1)Δd 为背吃刀量,无正负号,半径指定;

2)Δe 为退刀量;

3)ns 为精加工轮廓程序段中开始程序段的段号;

4)nf 为精加工轮廓程序段中结束程序段的段号;

5)Δu 为 X 轴向精加工余量,直径指定;

6)Δw 为 Z 轴向精加工余量;

7)f 为 F 代码(进给量)。

注:加工路线是沿着径向加工,Z 向进刀。

三、编制数控车加工程序

选取工件的右端面的中心为工件坐标系的原点,加工程序如表 4-2 所示。

表 4-2　数控车削加工程序

程序段号	程序内容	含　义
	O0401	程序名
N10	M03S600T0101;	主轴正转转速为 600r/min,换 1 号刀
N20	G00X64Z0;	快速定位到循环起点
N30	G72W1R0.5;	粗车循环,背吃刀量为 1mm,退刀为 0.5mm
N40	G72P50Q110U0.5F0.2;	精车余量为 0.5mm,进给速度为 0.2mm/r
N50	G00X28;	快速定位至 Φ28 的位置
N60	G01Z0;	靠近工件
N70	X30Z-1;	车倒角
N80	Z-8;	车削 Φ30 的外圆
N90	X48;	退刀至 Φ48 的位置
N100	X50W-1;	车削锥度
N110	Z-13;	车削 Φ50 的外圆
N120	X63;	退刀至 Φ63
N130	G70P50Q110S1000F0.1;	精车循环,主轴转速为 1000r/min,0.1mm/r
N140	G00X100;	X 向快速退刀

（续表）

程序段号	程序内容	含　义
N150	Z100；	Z 向快速退刀
N160	M05；	主轴停止
N170	M30；	程序结束
N10	O0402	程序名
N20	M03S600T0101；	主轴正转转速为 600r/min，换 1 号刀
N30	G00X64Z0；	快速定位到循环起点
N40	G72W1R0.5；	粗车循环，背吃刀量为 1mm，退刀为 0.5mm
N50	G72P60Q120U0.5F0.2；	精车余量为 0.5mm，进给速度为 0.2mm/r
N60	G00X38；	快速定位至 $\Phi38$ 的位置
N70	G01Z0；	靠近工件
N80	X40Z－1；	车削锥度
N90	Z－8；	车削 $\Phi40$ 的外圆
N100	X58；	退刀至 58mm
N110	X60W－1；	车削锥度
N120	Z－13；	车削 $\Phi60$ 的外圆
N130	X63；	退刀至 63
N140	G70P50Q120S1000F0.1；	精车外圆，转速为 1000r/min，0.1mm/r
N150	G00X100；	X 向快速退刀
N160	Z100；	Z 向快速退刀
N170	T0202；	换 2 号刀，加工内孔

（续表）

程序段号	程序内容	含　义
N180	M03S600F0.2；	主轴正转，转速为600r/min，进给速度为0.2mm/r
N190	G00X19Z5；	快速定位到循环起点
N200	G71U1R0.5；	粗车循环，背吃刀量为1mm，退刀为0.5mm
N210	G71P210Q250U－0.5；	精车余量为0.5mm，进给速度为0.2mm/r
N220	G00X30；	快速定位到Φ30
N230	G01Z－8；	车削Φ30的外圆
N240	X24；	退刀至24
N250	Z－27；	车削Φ24的外圆
N260	X19；	退刀至Φ19
N270	G70P210Q250S1000F0.1；	精车内孔
N280	G00X100；	*X*向快速退刀
N290	Z100；	*Z*向快速退刀
N300	M05；	主轴停止
	M30；	程序结束

任务二　盘类零件加工训练二

加工如图4-2所示的零件，材料为45#钢。

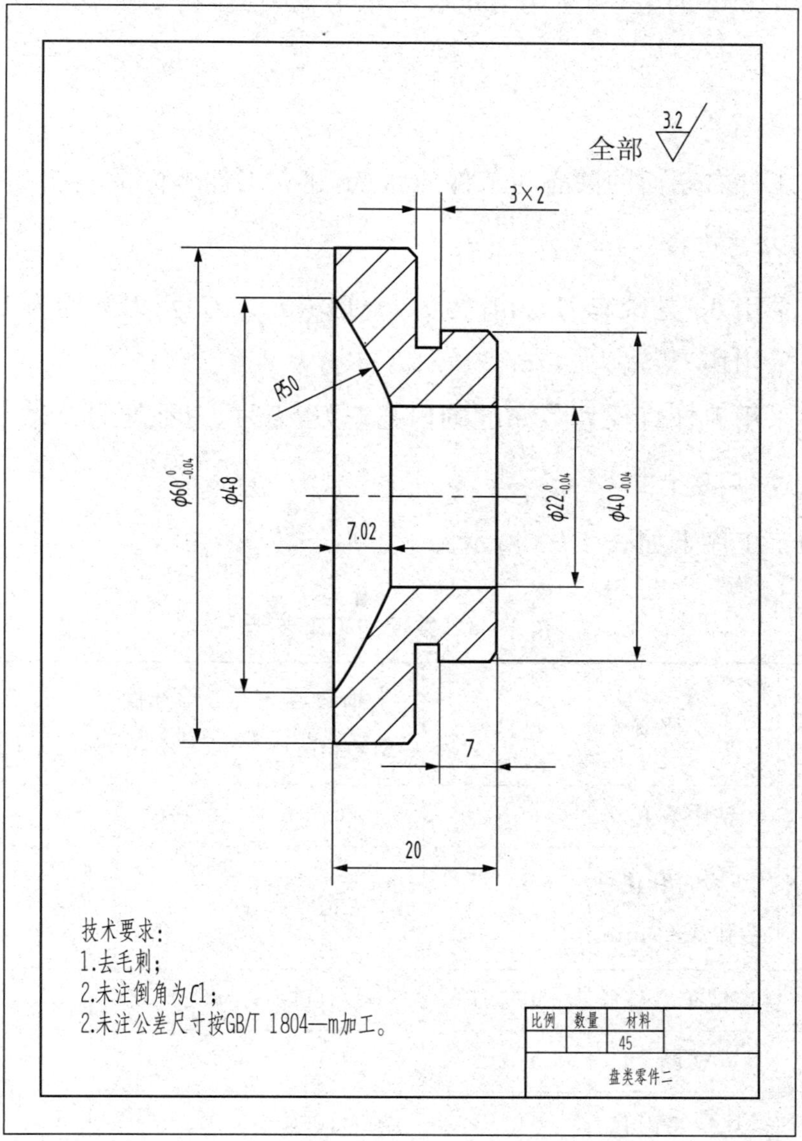

图 4－2　盘类零件二

一、工艺分析

1. 分析结构确定装夹方案

零件的外轮廓由外圆柱、内孔等组成，最大直径为 60mm，可以使用直径为 62mm 的毛坯,使用自定心三爪卡盘装夹,在 2 次装夹中即可完成加工。

2. 工件原点

以工件右端面的圆心为工件的原点,建立工件坐标系。

3. 刀具选择

1)采用 93°外圆车刀,刀片为 80°菱形 $R0.4$,刀号、刀补均为 1 号。

2)采用槽刀,宽为 3mm,刀号、刀补均为 2 号。

3)采用刀杆直径为 16mm 的内孔车刀,刀号、刀补均为 3 号。

4. 加工工序卡

加工工序卡如表 4-3 所示。

表 4-3 数控加工工艺卡

工步号	工步内容	刀具号	主轴转速 S(r/min)	进给速度 F(mm/r)	背吃刀量 a_p(mm)
1	钻中心孔	—	1000	—	—
2	用Φ20的麻花钻钻孔深 50mm	—	350	—	—
3	粗/精车右外圆	T0101	600/1000	0.2/0.1	1/0.5
4	切断	T0202	300	0.05	—
5	粗/精车内孔	T0101	600/1000	0.2/0.1	1/0.5

二、编制数控车精加工程序

选取工件的右端面的中心为工件坐标系的原点,加工程序如表 4-4 所示。

表 4-4　数控车削加工程序

程序段号	程序内容	含　义
	O0403	程序名
N10	M03S600T0101；	主轴正转转速为 600r/min，换 1 号刀
N20	G00X64Z0；	快速定位到循环起点
N30	G72W1R0.5；	粗车循环，背吃刀量为 1mm，退刀为 0.5mm
N40	G72P50Q120U0.5F0.2；	精车余量为 0.5mm，进给速度为 0.2mm/r
N50	G00X38；	快速定位至 Φ38 的位置
N60	G01Z0；	靠近工件
N70	X40Z－1；	车削倒角
N80	Z－10；	车削 Φ40 的外圆
N90	X58；	退刀至 58mm
N100	X60W－1；	车削倒角
N110	Z－13；	车削 Φ60 外圆
N120	X63；	退刀至 63mm
N130	G70P50Q120S1000F0.1；	精车循环，转速为 1000r/min
N140	G00X100；	*X* 快速退刀
N150	Z100；	*Z* 向快速退刀
N160	M03S350T0202F0.05；	主轴正转转速为 350r/min，换 2 号刀，进给速度为 0.05mm/r
N170	G00X62Z－10；	快速定位到切槽的位置
N180	G01X36；	切槽至 Φ36mm
N190	X42；	退刀至 Φ42mm
N200	Z－23.5；	车削 Φ42 的外圆，长度留 0.5 的余量

（续表）

程序段号	程序内容	含　　义
N210	X19；	切断
N220	G00X100；	*X* 快速退刀
N230	Z100；	*Z* 快速退刀
N240	M05；	主轴暂停
N250	M30；	程序结束
	O0404	程序名
N10	T0202；	选择 2 号刀，注安全位置换刀
N20	M03S600；	主轴正转，转速为 600r/min
N30	G00X19Z5；	快速定位到循环起点
N40	G71U1R0.5；	粗车循环，背吃刀量为 1mm，退刀量为 0.5mm
N50	G71P60Q90U－0.5F0.2；	精车余量为 0.5mm，进给速度为 0.2mm/r，加工内孔
N60	G00X48；	快速定位到 *Φ*48
N70	G01Z0；	车削靠近端面
N80	G03X22Z－7.02R50；	加工圆弧
N90	G01X19；	退刀至 *Φ*19
N100	G70P60Q90S1000F0.1；	精车循环，转速为 1000r/min
N110	G00X100；	*X* 快速定位到
N120	Z100；	*Z* 向快速定位
N130	M05；	主轴停止
N140	M30；	程序暂停

项目五　螺纹的加工

项目目标

1. 掌握螺纹加工的工艺知识；
2. 能熟练编制出各种螺纹加工程序；
3. 掌握多线螺纹的加工方法。

任务一　普通三角螺纹的加工

加工如图 5－1 所示的零件，材料为 $45^{\#}$ 钢。

一、工艺分析

1. 分析结构确定装夹方案

零件的结构由内圆柱面、槽、螺纹等结构组成，最大直径为 46mm，可采用直径为 47mm 的毛坯料，使用自定心三爪卡盘装夹，在一次装夹中即可完成加工。

2. 工件原点

以工件右端面的圆心为工件的原点，建立工件坐标系。

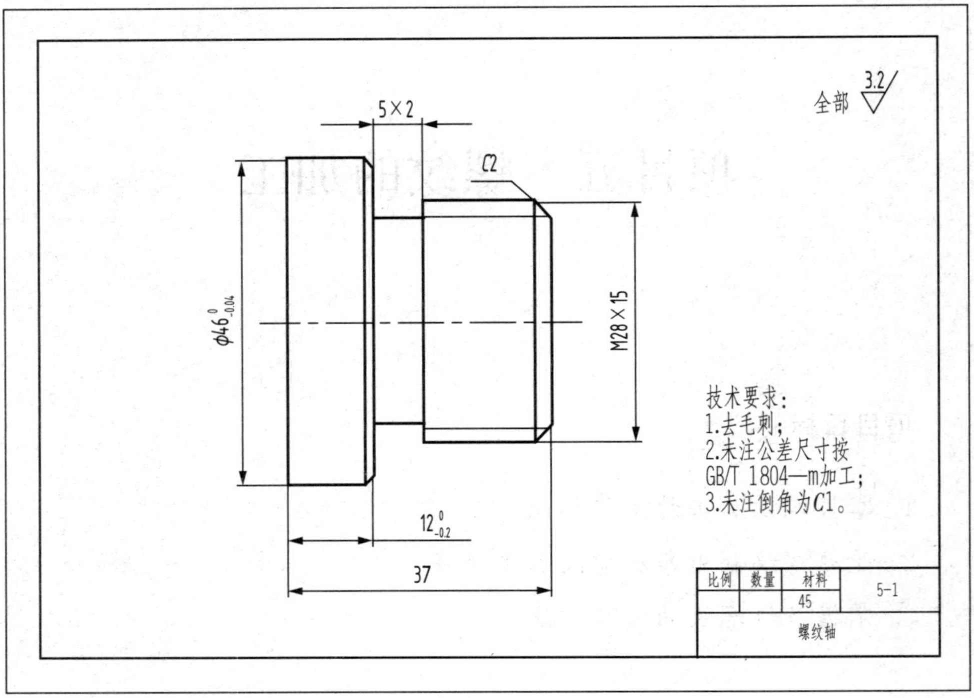

图 5-1 螺纹轴零件

3. 刀具选择

1)采用 93°外圆车刀,刀片为 35°菱形 R0.4,刀号、刀补均为 1 号。

2)采用外槽刀,宽为 3mm,刀号、刀补均为 3 号。

3)采用 60°螺纹刀,加工外螺纹。

4. 加工工艺卡

加工工艺卡如表 5-1 所示。

表 5-1 数控加工工艺卡

工步号	工步内容	刀具号	主轴转速 S(r/min)	进给速度 F(mm/r)	背吃刀量 a_p(mm)
1	粗/精车外圆	T0101	600/1000	0.2/0.1	1/0.5
2	切槽	T0202	350	0.05	—

（续表）

工步号	工步内容	刀具号	主轴转速 S(r/min)	进给速度 F(mm/r)	背吃刀量 a_p(mm)
3	加工螺纹	T0303	350	0.05	—
4	切断	T0202	350	0.05	

二、学习相关编程知识

1. 螺纹有关参数计算

螺纹的直径和螺距不一样，其牙深＝螺距×0.65，其中0.65为系数。

【例题1】外螺纹M20×1.5。

1）牙深＝1.5×0.65＝0.975(mm)；

2）螺纹的小径尺寸为20－2×0.975＝18.05(mm)。

【例题2】内螺纹M20×1.5。

1）加工螺纹底孔直径为18.05mm；

2）螺纹的大径为20mm。

2. 螺纹切削循环指令G92

指令格式：G92 X(U)　Z(W)R　F；

说明：1）X，Z代表目标点的绝对坐标；U，W代表目标点的相对坐标；

2）X(U)坐标按直径值输入；

3）R为锥度量，螺纹起点到终点的半径值，起点小于终点坐标时为负值；

4）F表示螺纹的导程。

用途：主要用于加工圆柱、圆锥螺纹。

三、编制数控车加工程序

选取工件的右端面的中心为工件坐标系的原点，加工程序如表 5－2 所示。

表 5－2　数控车削加工程序

程序段号	程序内容	含　义
	O0501	程序名
N10	M03S600T0101;	主轴正转，转速为 600r/min，选 1 号刀
N20	G00X49Z2;	快速定位到循环起点
N30	G71U1R0.5;	粗车循环，背吃刀量为 1mm，退刀量为 0.5mm
N40	G71P50Q120U0.5F0.3;	精车余量为 0.5 毫米，进给速度为 0.3mm/r
N50	G00X24;	快速定位到 Φ24
N60	G01Z0;	车削靠近端面
N70	X28Z－2;	倒角
N80	Z－25;	车削 Φ28 的外圆
N90	X44;	退刀至 Φ44
N100	X46Z－26;	倒角
N110	Z－40;	车削 Φ46 的外圆
N120	X49;	退刀至 49
N130	G70P50Q120S1000F0.1;	精车循环，主轴转速为 1000r/min，0.1mm/r
N140	G00X100Z100;	退到换刀点

（续表）

程序段号	程序内容	含　　义
N150	T0202；	换2号车刀，准备加工退刀槽
N160	M03S350；	主轴正转，转速为350r/min
N170	G00X50Z－25；	快速定位到切槽位置
N180	G01X24F0.05；	切槽，进给速度为0.05mm/r
N190	X29；	退刀至 Φ29
N200	Z－23；	右移2mm
N210	X24	切槽
N220	X30；	退刀
N230	G00X100Z100；	快速退刀
N240	T0303；	换螺纹刀
N250	M03S350；	主轴正转，转速为350r/min，选1号刀
N260	G00X30Z10；	螺纹切削循环起点
N270	G92X27.4Z－21F1.5；	螺距为1.5，螺纹切削一次
N280	X27；	螺纹切削二次
N290	X26.6；	螺纹切削三次
N300	X26.2；	螺纹切削四次
N310	X26.05；	螺纹切削五次
N320	X26.05；	螺纹切削去毛刺
N330	G00X100；	X 退刀
N340	Z100；	Z 向退刀
N350	T0202；	换2号刀切断
N360	M03S350F0.05；	主轴正转转速为350r/min
N370	G00X48Z－40；	快速定位

（续表）

程序段号	程序内容	含　　义
N380	G01X0;	切断
N390	G00X100Z100;	快速退刀
N400	M05;	主轴停止
N410	M30;	程序暂停

任务二　普通三角双头螺纹的加工

加工如图 5－2 所示的零件，材料为 45＃钢。

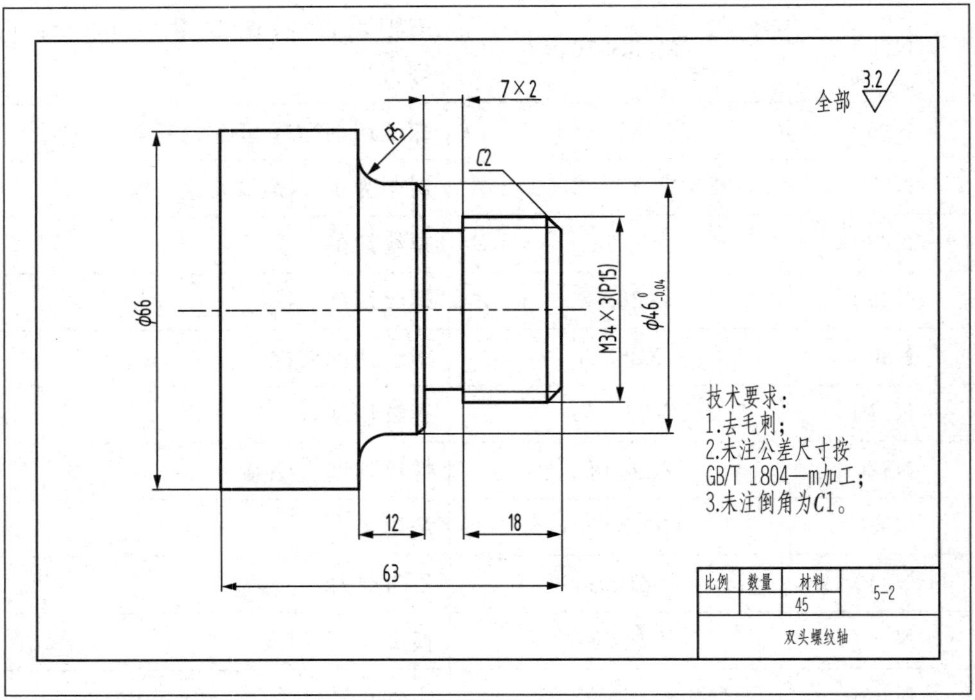

图 5－2　双头螺纹轴

一、工艺分析

1. 分析结构确定装夹方案

零件的结构由内圆柱面、圆弧、螺纹、槽等结构组成，最大直径为66mm，可采用直径为68mm的毛坯料，使用自定心三爪卡盘装夹，在一次装夹中即可完成加工。

2. 工件原点

以工件右端面的圆心为工件的原点，建立工件坐标系。

3. 刀具选择

1)采用93°外圆车刀，刀片为35°菱形*R*0.4，刀号、刀补均为1号。
2)采用外槽刀，宽为3mm，刀号、刀补均为3号。
4)采用60°螺纹刀，加工外螺纹。

4. 加工工艺卡

加工工艺卡如表5-3所示。

表5-3　数控加工工艺卡

工步号	工步内容	刀具号	主轴转速 *S*(r/min)	进给速度 *F*(mm/r)	背吃刀量 a_p(mm)
1	粗/精车外圆	T0101	600/1000	0.2/0.1	1/0.5
2	加工槽	T0202	350	0.05	—
3	加工螺纹	T0303	350	0.05	—
4	切断				

三、学习相关编程知识

1. 螺纹有关参数计算

螺纹的直径和螺距不一样，其牙深＝螺距×0.65，其中0.65为系数。

【例题】M34×3(1.5)双头螺纹。

1)牙深=螺距×0.65=1.5×0.65=0.975(mm);

2)导程为3mm,螺距为1.5mm;

3)螺纹的小径尺寸为34－2×0.975=32.05(mm)。

2. 螺纹加工注意事项

1)加工双头螺纹时,可以用G92编程加工,

2)G92编程时,其参数F为3mm;

3)双螺纹分两次加工,两次螺纹的循环起点相差一个螺距1.5。

三、编制数控车加工程序

选取工件的右端面的中心为工件坐标系的原点,加工程序如表5-4所示。

表5-4 数控车削加工程序

程序段号	程序内容	含 义
	O0502	程序名
N10	M03S600T0101;	主轴正转,转速为600r/min,选1号刀
N20	G00X69Z2;	快速定位到循环起点
N30	G71U1R0.5;	粗车循环,背吃刀量为1mm,退刀量为0.5mm
N40	G71P50Q140U0.5F0.3;	精车余量为0.5mm,进给速度为0.3mm/r
N50	G00X30;	快速定位到Φ30
N60	G01Z0;	车削靠近工件

（续表）

程序段号	程序内容	含　　义
N70	X34Z－2；	倒角
N80	Z－25；	车削 Φ34 的外圆
N90	X44；	退刀至 44
N100	X46Z－26；	倒角
N110	G02X56Z－37R5；	车削圆弧
N120	G01X66；	退刀至 Φ66
N130	Z－68；	车削 Φ66 的外圆，长度为 68
N140	X69；	退刀至 Φ69
N150	G70P50Q140S1000F0.1；	精车循环，主轴转速为 1000r/min，0.1mm/r
N160	G00X100Z100；	退到换刀点
N170	T0202；	换车刀，准备加工退刀槽
N180	M03S350；	主轴正转，转速为 350r/min
N190	G00X48Z－25；	快速定位切槽位置
N200	G01X30F0.05；	切槽
N210	X35；	退刀
N220	Z－23；	右移 2mm
N230	X30；	切槽
N240	X35；	退刀
N250	W2；	右移 2mm
N260	X30；	切槽
N270	X35；	退刀
N280	G00X100Z100；	快速定位到换刀点
N290	T0303；	换螺纹刀

（续表）

程序段号	程序内容	含　　义
N300	M03S350；	主轴正转，转速为 600r/min
N310	G00X36Z10；	螺纹切削循环起点
N320	G92X33.4Z－19F3；	螺纹切削指令，螺距为 3，螺纹切削一次
N330	X33；	螺纹切削二次
N340	X32.6；	螺纹切削三次
N350	X32.2；	螺纹切削四次
N360	X32.05；	螺纹切削五次
N370	X32.05；	螺纹切削去毛刺
N380	G00X36Z11.5；	螺纹切削循环起点 Z 坐标偏移一个螺距
N390	G92X33.4Z－19F3；	螺纹切削指令，螺距为 3，螺纹切削一次
N400	X33；	螺纹切削二次
N410	X32.6；	螺纹切削三次
N420	X32.2；	螺纹切削四次
N430	X32.05；	螺纹切削五次
N440	X32.05；	螺纹切削去毛刺
N450	G00X100Z100；	快速退刀
N460	T0202；	换 2 号刀切断
N470	M03S350F0.05；	主轴正转，转速为 350r/min，进给速度 0.05mm/r
N480	G00X68Z－66；	快速定位到切断处
N490	G01X0；	切断

（续表）

程序段号	程序内容	含　义
N500	G00X100Z100；	快速退刀
N510	M05；	主轴暂停
N520	M30；	程序结束

任务三　梯形螺纹的加工

加工如图 5-3 所示的零件，材料为 45# 钢。

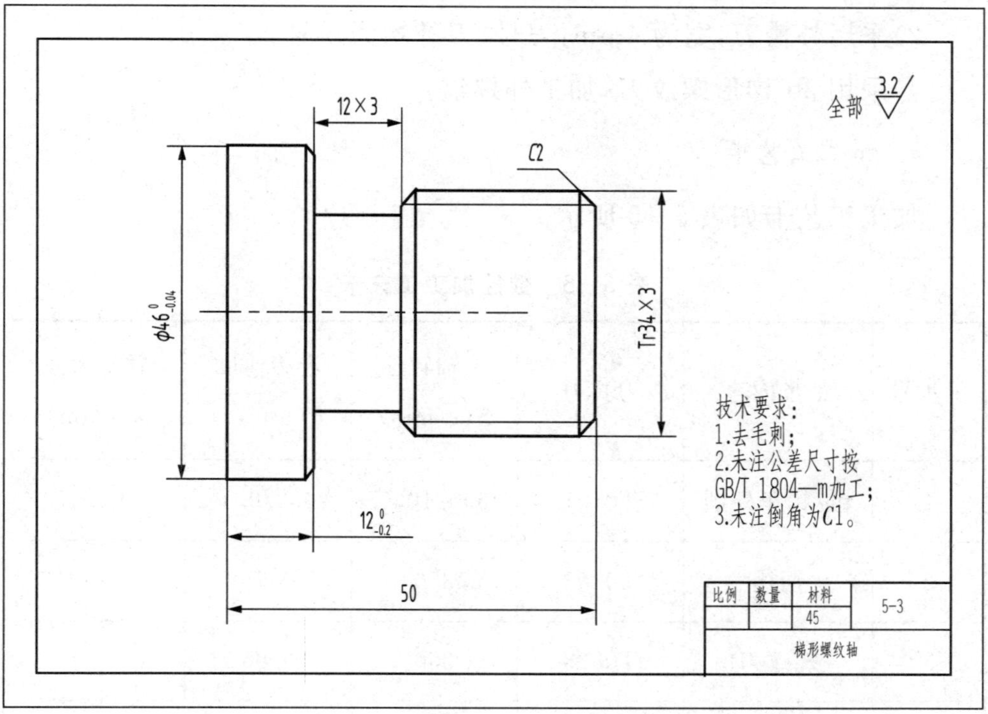

图 5-3　梯形螺纹轴

一、工艺分析

1. 分析结构确定装夹方案

零件的结构由内圆柱面、倒角、螺纹、槽等结构组成，最大直径为46mm，可采用直径为48mm的毛坯料，使用自定心三爪卡盘装夹，在一次装夹中即可完成加工，最后切断。

2. 工件原点

以工件右端面的圆心为工件的原点，建立工件坐标系。

3. 刀具选择

1)采用93°外圆车刀，刀片为35°菱形 $R0.4$，刀号、刀补均为1号。

2)采用外槽刀，宽为4mm，刀号、刀补均为3号。

4)采用30°梯形螺纹刀，加工外螺纹。

4. 加工工艺卡

加工工艺卡如表5－5所示。

表5－5 数控加工工艺卡

工步号	工步内容	刀具号	主轴转速 S(r/min)	进给速度 F(mm/r)	背吃刀量 a_p(mm)
1	粗/精车外圆	T0101	600/1000	0.2/0.1	1/0.5
2	切槽	T0202	350	0.05	—
3	螺纹刀	T0303	350	0.05	—
4	切断	T0202	350	0.05	

二、学习相关编程知识

1. 梯形螺纹加工基本知识

1)梯形螺纹受力大,所以切削进给不能采用直进式,要采用斜进式减少螺纹刀受力。而 G92 加工螺纹是直进式的,G76 是斜进式加工螺纹。

2)螺纹牙深计算:牙深 $h=0.5P+a_c$,P 为螺距,a_c为牙顶间隙,牙顶间隙参数如表 5－6 所示。

表 5－6　梯形螺纹牙顶间隙参数表

螺距 P	1.5～5	6～12	14～44
牙顶间隙 a_c	0.25	0.5	1

2. 复合螺纹切削循环指令(G76)

指令格式:G76 P(m)(r)(α)Q(Δdmin)R(d);

G76 X(U)Z(W)R(i)P(k)Q(Δd)F(I);

说明:1)X(U)Z(W)为螺纹终点坐标值。

2)P(m)为螺纹精车次数 00～99(单位:次)。

3)(r)为螺纹退尾长度 00～99(单位:0.1L,L 为螺纹螺距),执行后,系统参数修改为次数,并保持有效,对 G92、G76 有效。

4)(α)为相邻两牙螺纹的夹角,取值范围为 00～99(单位:度)。

5)Q(Δdmin)为螺纹粗车时的切削量,取值范围为 00～99999(单位:0.001mm,无符号,半径值)。

6)R(d)为螺纹精车余量,取值范围为:00～99.999(单位:mm,无符号,半径值)。

7)R(i)为螺纹锥度,螺纹起点与终点的 X 轴绝对坐标差值,取值范围为－9999.999～9999.999(单位:毫米,半径值,为 0 时省略)。

8)P(k)为螺纹牙高,螺纹切削深度,取值范围为 1～999999999(单位:0.001 毫米,半径值,无符号)。

9)Q(Δd)为第一次螺纹切削深度,取值范围为 1～999999999(单位:0.001 毫米,半径值,无符号)。

10)F(I),其中 F 表示米制螺纹螺距,取值范围为 $0<F\leqslant 500$ 毫米;I 表示英制螺纹每英寸的螺纹牙数,取值范围为 0.06～25400 牙/英寸。

三、编制数控车加工程序

选取工件的右端面的中心为工件坐标系的原点,加工程序如表 5-7 所示。

表 5-7 数控车削加工程序

程序段号	程序内容	含　义
	O0503	程序名
N10	M03S600T0101;	主轴正转,转速为 600r/min,选 1 号刀
N20	G00X48Z2;	快速定位到循环起点
N30	G71U1R0.5;	粗车循环,背吃刀量为 1mm,退刀量为 0.5mm
N40	G71P50Q110U0.5F0.3;	精车余量为 0.5mm,进给速度为 0.3mm/r
N50	G00X30;	快速定位到 Φ30
N60	G01Z0;	切削靠近工件
N70	X34Z—2;	切削倒角
N80	Z—38;	切削 Φ34 的外圆
N90	X44;	退刀至 Φ44
N100	X46Z—40;	倒角

（续表）

程序段号	程序内容	含　义
N110	Z－53；	切削 Φ46 的外圆
N120	X49；	退刀值 Φ49
N130	G70P50Q110S1000F0.1；	精车循环，主轴转速为 1000r/min，0.1mm/r
N140	G00X100Z100；	退到换刀点
N150	T0202；	换 2 号车刀，准备加工退刀槽
N160	M03S350；	主轴正转，转速为 350r/min
N170	G00X48Z－38；	快速定位到切槽的位置
N180	G01X28F0.05；	切槽，0.05mm/r
N190	X35；	退刀
N200	W3；	右移 3mm
N210	X28；	切槽
N220	X35；	退刀
N230	W3；	右移 3mm
N240	X28；	切槽
N250	X35；	退刀
N260	W2；	右移 2mm
N270	X28；	切槽
N280	X35；	退刀
N290	G00X100Z100；	快速退刀
N300	T0303；	换螺纹刀
N310	M03S350；	主轴正转，转速为 600r/min
N320	G00X34Z10；	快速定位到螺纹的循环起点
N330	G76P020030Q20R0.2；	螺纹循环加工指令

（续表）

程序段号	程序内容	含　义
N340	G76X30Z－30P1750Q300F3；	
N350	G00X100Z100；	快速退刀
N360	T0202；	换 2 号刀
N370	M03S350F0.05；	主轴正转，转速为 350r/min
N380	G00X49Z－53；	快速定位到切断位置
N390	G01X0；	切断
N400	G00X100Z100；	快速退刀
N410	M05；	主轴停止
N420	M30；	程序结束

项目六　工件坐标与子程序的应用

项目目标

1. 掌握子程序的调用；
2. 能灵活运用子程序的应用；
3. 熟练使用工件坐标系的应用。

任务一　多个零件的加工

加工如图 6-1 所示的零件，材料为 $45^{\#}$ 钢。

一、工艺分析

1. 分析结构确定装夹方案

零件的轮廓由两个圆柱面组成，最大直径为 10mm，可采用直径为 12mm 的毛坯料，使用自定心三爪卡盘装夹，在一次装夹中，通过调用程序完成 3 个零件的加工。

2. 工件原点

以工件右端面的圆心为工件的原点，建立工件坐标系 1，加工第一个零件切断后，切断后的右端面中心建立工件坐标系 2 的原点，依次类推坐标系 3 的原点。

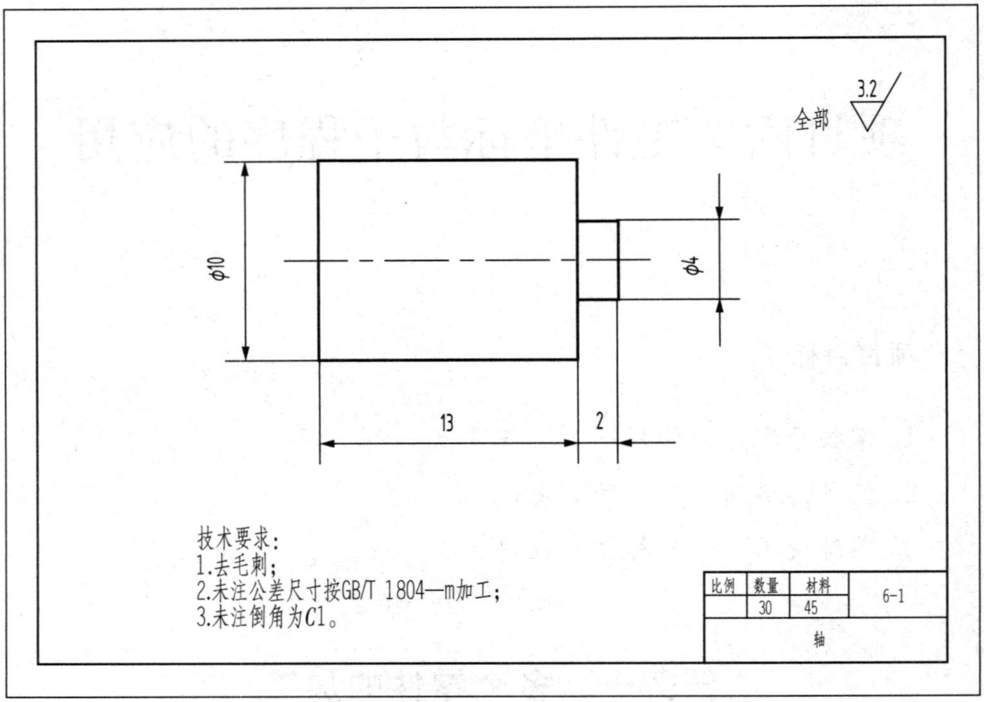

图 6-1 示例一

3. 刀具选择

1)采用 93°外圆车刀，刀片为 35°菱形 R0.4。刀号、刀补均为 1 号。

2)采用切断刀，宽为 3mm，刀号、刀补均为 2 号。

4. 加工工序卡

加工工序卡如表 6-1 所示。

表 6-1 数控加工工艺卡

工步号	工步内容	刀具号	主轴转速 S(r/min)	进给速度 F(mm/r)	背吃刀量 a_p(mm)
1	粗车/精车外圆	T0101	600/1000	0.2/0.1	1/0.5
2	切断	T0202	350	0.05	

二、学习相关编程知识

1. G54～G59 的用法

在数控车床的坐标系里对 G55、G56 的 Z 值进行设置，如本任务加工的零件长度为 15mm，所以坐标系 G54 的 Z 值是 0，G55 的坐标系的 Z 值是 −15，G56 的坐标系的 Z 值是 −30。

2. 调用子程序指令 M98

指令格式：M98P；＿ ＿ ＿ ＝ ＝ ＝ ＝。

说明：1）"＿ ＿ ＿"表示重复调用的次数，若省略，表示只调用一次；

2）"＝ ＝ ＝ ＝"表示被调用的子程序号。

如 M98P30001 表示调用子程序号为 0001 的子程序 3 次。

3. 返回子程序 M99

四、编制数控车加工程序

选取工件的右端面的中心为工件坐标系的原点，加工程序如表 6－2 所示。

表 6－2　数控车削加工程序

程序段号	程序内容	含　义
	O0601	主程序名
N10	G54；	坐标系
N20	M98P10001；	调用程序，程序号 0001
N30	G55；	坐标系，位移对刀点
N40	M98P10001；	调用程序，程序号 0001
N50	G56；	坐标系，位移对刀点
N60	M98P10001；	调用程序，程序号 0001

（续表）

程序段号	程序内容	含　义
N70	M05；	主轴停止
N80	M30；	程序结束
	O0001	子程序名
N10	M03S600T0101；	主轴正转，转速为 600r/min，选 1 号刀
N20	G00X12Z2；	快速定位到循环起点
N30	G71U1R0.5；	粗车循环，背吃刀量为 1mm，退刀量为 0.5mm
N40	G71P50Q90U0.5F0.2；	精车余量为 0.5mm，进给速度为 0.2mm/r
N50	G00X4；	快速定位到 Φ4
N60	G01Z－2；	切削 Φ4 的外圆
N70	X10；	退刀至 Φ10
N80	Z－18；	车削 Φ10 的外圆
N90	X13；	退刀
N100	G70P50Q90S1000F0.1；	精车循环，主轴转速为 1000r/min，0.1mm/r
N110	G00X100Z100；	快速退刀
N120	T0202；	换 2 号刀，切断
N130	M03S350；	主轴正转，转速为 350r/min
N140	G00X12Z－18；	快速定位到切断处
N150	G01X0F0.05；	切断，进给速度 0.05mm/r

（续表）

程序段号	程序内容	含　　义
N160	G00X100；	快速退刀
N170	Z100；	快速退刀
N180	M99；	子程序调用结束，返回主程序

任务二　多槽的加工

加工如图 6－2 所示的零件，材料为 $45^{\#}$ 钢。

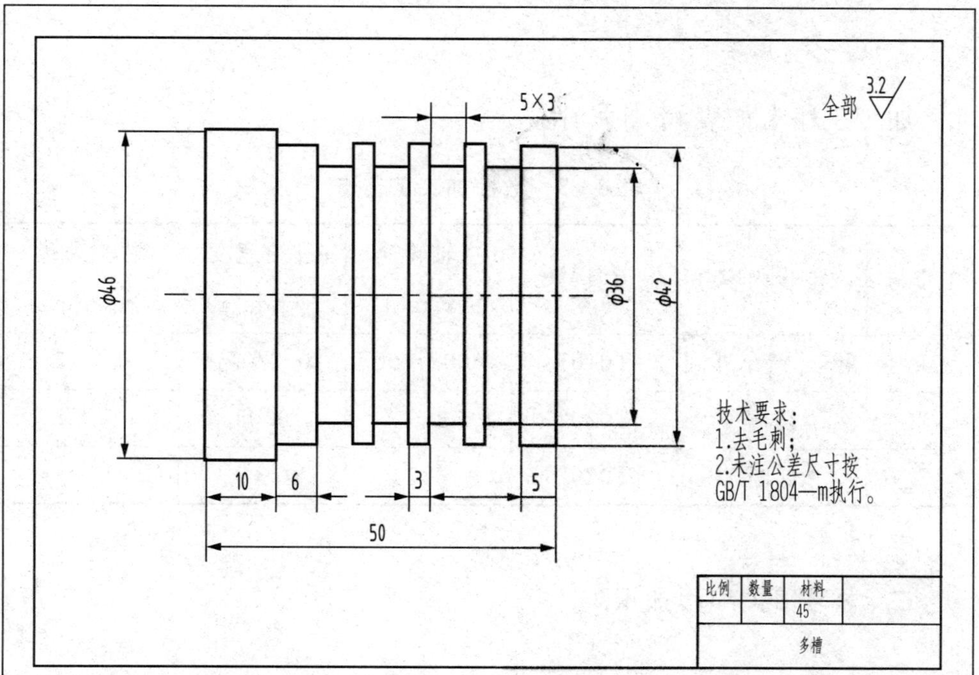

图 6－2　示例二

一、工艺分析

1. 分析结构确定装夹方案

零件的轮廓由两个圆柱、多个槽等结构组成，最大直径为 46mm，可采用直径为 48mm 的毛坯料，使用自定心三爪卡盘装夹，在一次装夹中，通过调用程序完成多个槽的加工。

2. 工件原点

以工件右端面的圆心为原点，来进行编程加工。

3. 刀具选择

1)采用 93°外圆车刀，刀片为 35°菱形 $R0.4$。刀号、刀补均为 1 号。

2)采用切槽刀，宽为 3mm，刀号、刀补均为 2 号。

4. 加工工序卡

加工工序卡如表 6－3 所示。

表 6－3　数控加工工艺卡

工步号	工步内容	刀具号	主轴转速 S(r/min)	进给速度 F(mm/r)	背吃刀量 a_p(mm)
1	粗车/精车外圆	T0101	600/1000	0.2/0.1	1/0.5
2	切槽	T0202	350	0.05	
3	切断	T0202	350	0.05	

二、学习相关编程知识

1. 编程注意事项

本任务主要是采用调用子程序的方法来加工多个槽，这样可以简化编程。编程时可以先编程加工一个槽的子程序，在对这个子程序进行多次调用,来完成多个槽的加工。在编程方法有多种,本次主要是通过 Z 向的坐标值用相对坐标进行编程的,还有一种方法就是要通过设置坐标系来完成编程原点的位移,从而实现多个槽的加工。

四、编制数控车加工程序

选取工件的右端面的中心为工件坐标系的原点,加工程序如表 6-4 所示。

表 6-4　数控车削加工程序

程序段号	程序内容	含　义
	O0603	主程序名
N10	M03S600T0101;	主轴正转,转速为 600r/min,选 1 号刀
N20	G00X48Z2;	快速定位到循环起点
N30	G71U1R0.5;	粗车循环,背吃刀量为 1mm,退刀量为 0.5mm
N40	G71P50Q90U0.5F0.2;	精车余量为 0.5mm,进给速度为 0.3mm/r
N50	G00X42;	快速定位到 Φ24
N60	G01Z-40;	
N70	X46;	
N80	Z-53;	
N90	X49;	
N100	G70P50Q90S1000F0.1;	精车循环,主轴转速为 1000r/min,0.1mm/r
N110	G00X100Z100;	
N120	T0202;	

(续表)

程序段号	程序内容	含　　义
N130	M03S350；	主轴正转，转速为 350r/min
N140	G00X43Z－8；	
N150	M98P40003；	
N160	G00X100；	
N170	Z100；	
N180	T0202；	
N190	M03S350F0.05；	
N200	G00X49Z－53；	
N210	G01X0；	
N220	G00X100Z100；	
N230	M05；	
N240	M30；	
	O0003	子程序名
N10	G01X36F0.05；	
N20	X43；	
N30	W2；	
N40	X36；	
N50	X43；	
N60	W－6；	
N70	M99；	

任务三　多个 V 形槽的加工

加工如图 6－3 所示的零件，材料为 45# 钢。

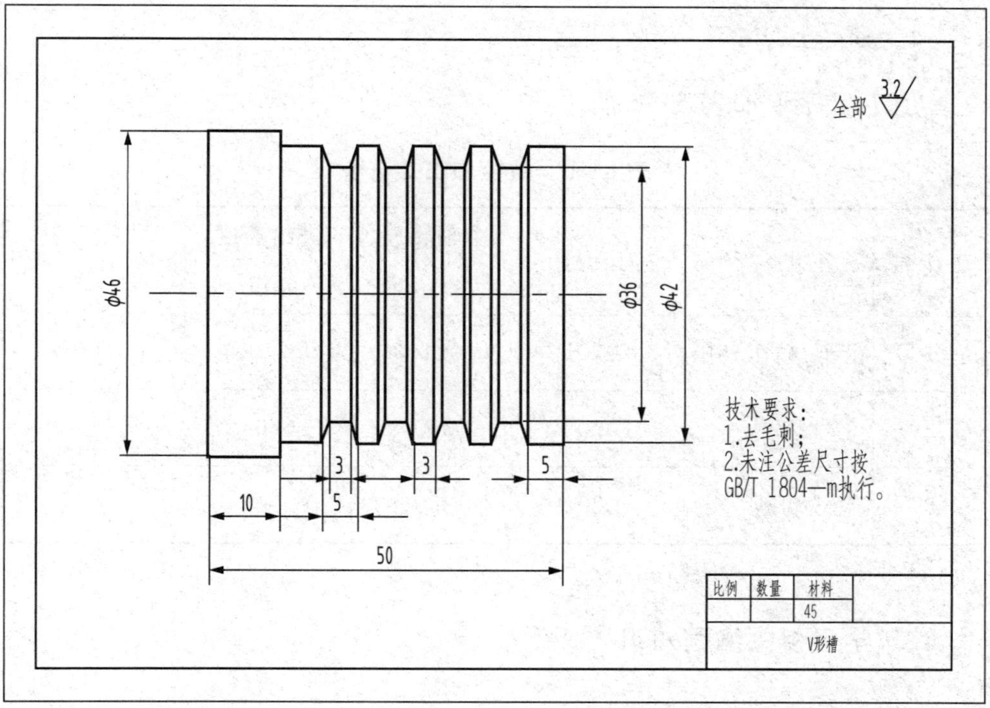

图 6－3　示例三

一、工艺分析

1. 分析结构确定装夹方案

零件的轮廓由两个圆柱、多个 V 形槽等结构组成，最大直径为 46mm，可采用直径为 48mm 的毛坯料，使用自定心三爪卡盘装夹，在一次装夹中，通过调用程序完成多个槽的加工。

2. 工件原点

以工件右端面的圆心为原点，来进行编程加工。

3. 刀具选择

1)采用93°外圆车刀，刀片为35°菱形 *R*0.4，刀号、刀补均为1号。

2)采用切槽刀，宽为3mm，刀号、刀补均为2号。

4. 加工工序卡

加工工序卡如表6－5所示。

表6－5 数控加工工艺卡

工步号	工步内容	刀具号	主轴转速 S(r/min)	进给速度 F(mm/r)	背吃刀量 a_p(mm)
1	粗车/精车外圆	T0101	600/1000	0.2/0.1	1/0.5
2	切槽	T0202	350	0.05	
3	切断	T0202	350	0.05	

二、学习相关编程知识

1. 编程注意事项

在编程时，注意切槽刀的下刀点，要先切V形槽的中间深的位置，在切两边的斜槽，注意下刀顺序，这样避免出现问题。

四、编制数控车加工程序

选取工件的右端面的中心为工件坐标系的原点，加工程序如表6－6所示。

表 6－6　数控车削加工程序

程序段号	程序内容	含　义
	O0602	主程序名
N10	M03S600T0101；	主轴正转，转速为 600r/min，选 1 号刀
N20	G00X48Z2；	快速定位到循环起点
N30	G71U1R0.5；	粗车循环，背吃刀量为 1mm，退刀量为 0.5mm
N40	G71P50Q90U0.5F0.2；	精车余量为 0.5mm，进给速度为 0.2mm/r
N50	G00X42；	快速定位到 Φ42
N60	G01Z－40；	切削 Φ42 的外圆
N70	X46；	退刀至 Φ46
N80	Z－53；	切削 Φ46 的外圆
N90	X49；	退刀至 Φ49
N100	G70P50Q90S1000F0.1；	精车循环，主轴转速为 1000r/min，0.1mm/r
N110	G00X100Z100；	快速退刀
N120	T0202；	换 2 号刀
N130	M03S350；	主轴正转，转速为 350r/min
N140	G00X43Z－9；	快速定位
N150	M98P40002；	调用子程序 0002 四次，加工四个梯形槽
N160	G00X100；	快速退刀
N170	M03S350F0.05；	主轴正转，转速为 350r/min，0.05mm/r

（续表）

程序段号	程序内容	含　义
N180	G00X49Z－53；	快速定位
N190	G01X0；	切断
N200	G00X100Z100；	快速退刀
N210	M05；	主轴停止
N220	M30；	程序结束
	O0002	子程序名
N10	G01X36F0.05；	切槽
N20	X43；	退刀
N30	W1；	右移 1mm
N40	X42；	定位
N50	X36W－1；	右切斜槽
N60	X43；	退刀
N70	W－1；	左移 1mm
N80	X42；	定位
N90	X36W1；	左切斜槽
N100	X42；	退刀
N110	G00W－8；	快速定位
N120	M99；	返回主程序

项目七　宏程序基础知识学习

项目目标

1. 掌握宏指令的基本知识；
2. 掌握宏指令的基本编程方法；
3. 能根据曲线方程进行程序编程。

任务一　宏程序基本知识

任用户宏程序可以加工非圆的一些曲线，如抛物线、双曲线、椭圆等，而一些指令是不能加工出这些形状，宏程序是通过使用变量、算术和逻辑运算以及条件转移，来完成数控操作，这使得相同编程的操作的程序更方便、更容易。

数控车操作系统，一般只能做直线插补和圆弧插补的切削运动，如果工件轮廓是非圆曲线如椭圆、抛物线、二次曲线和特殊曲线等，数控系统是无法直接实现插补，而需要通过一定的数学处理。数学处理的方法是用直线或圆弧段去逼近非圆曲线。逼近线段与被加工曲线的交点称为节点。所以在编程时，首先要计算出节点的坐标，节点的计算一般都很复杂，靠手工计算已很难胜任，必须借助计算机处理，求得个节点后，就可按相邻两节点的直线来编程加工程序。

宏程序编程，它可以根据所加工的轮廓的线性规律，来计算各节点的坐标，从而控制刀具在各坐标间移动，来实现加工。

宏程序编程，需要学生有一定的逻辑思维能力，和数学各线性方程的处理能力。

一、变量

1. 定义：变量用一个名称表示一个数，通过程序或操作面板对其赋值，也可以参与运算。使用用户宏程序时，数值可以直接指定或用变量指定。

表示：变量用变量符号＃和后面的变量号指定，变量号是整数的，如＃3、＃4、＃10 等；变量号是表达式的，如＃[＃1＋＃3＋3]，当＃1＝2，＃3＝1，那么＃[＃1＋＃3＋3]＝＃6；＃[＃1＊2]，当＃1＝2，那么＃[＃1＊2]＝＃4。

类型：FANUC OI 系统规定变量的类型由变量号区分，共分为四类，如表 7－1 所列。

范围：局部变量和公共变量的值可以是 0 或者－1047～－10－29，或者 10－29～1047。

表 7－1　变量的类型

变量号	变量类型	功　　能
＃0	空变量	改变量总是空，不能给它赋值
＃1～＃33	局部变量	仅在宏程序内有效。当断电后，所有的局部变量都被初始化为空
＃100～＃199 ＃500～＃999	公共变量	在整个程序中有效。当断电后，＃100～＃199 初始化为空，＃500～＃999 数据被保存
＃1000～	系统变量	用于读、写数控系统运行中各种数据的变化，例如刀具的当前位置和补偿值

表达式:定义用运算符连接起来的常数,宏变量构成表达式。例如:175/SQRT[2] * COS[55 * PI/180]。

变量赋值:运算符“=”。例如#3=6,把6值赋给#3。

变量运算:变量=常数(表达式),变量运算如表7-2所示。

表7-2　变量的常用算术逻辑运算

功能	格　式	备　注
赋值	#i=#j	1. 函数名可以用该函数的前两个字母制定。如:ROUND—RO;FIX—FI。 2. 运算法则,运算次序:括号[　]—函数—乘和除运算—加和减运算。 3. 括号可以使用5级,包括函数使用的括号。 4. 算术和逻辑运算的其他使用规则和限制根据系统不同查阅数控使用手册。 5. 角度以度制定:90°30′表示为90.5°;反正弦切中[#j]、[#k]表示两条边长。
加法	#i=#j+#k	
减法	#i=#j-#k	
乘法	#i=#j * #k	
除法	#i=#j/#k	
正弦	#i=SIN[#j]	
反正弦	#i=ASIN[#j]	
余弦	#i=COS[#j]	
反余弦	#i=ACOS[#j]	
正切	#i=TAN[#j]	
反正切	#i=ATAN[#j]/[#K]	
平方根	#i=SQRT[#j]	
绝对值	#i=ABS[#j]	
舍入	#i=ROUND[#j]	
上取整	#i=FIX[#j]	
下取整	#i=FUP[#j]	
自然对数	#i=LN[#j]	
指数函数	#i=EXP[#j]	

二、程序流向控制语句

1. GOTO 转移指令

1)无条件转移

格式:GOTO n

说明:转移到有顺序号 n 的程序段。

例如:GOTO　100 L;(执行跳转到行号 N100 语句)。

N100 GOO X150 Z200;跳转到本句。

2)条件表达式

格式:IF[条件表达式]GOTO n

说明:如果满足指定的条件表达式,则转移到有顺序号 n 的程序段;如果不满足指定的条件表达式,则执行下一个程序段。

例如:IF[＃1GT10] GOTO 20　　//如果＃1 满足大于 10 的时候,则执行跳转到 N20 执行;否则执行下面的 N10 语句//

N10 G00 X100

N20 GOO G91 X10.0

【例题 1】求 1～100 的总和。

```
O9000;
＃1＝0;                      //定义和数存储变量//
＃2＝1;                      //定义被加数 //
N1 IF[＃2GT10] GOTO 2        //辨别被加数大小:大于 10 跳
                               出到 N2//
＃1＝＃1＋＃2;               //运行加法运算//
＃2＝＃2＋1;                 //被加数加一运算得到第二个数//
GOTO 1;                      //无条件跳转到 N1//
N2　M30;                     //程序结束//
```

2.“ IF…THEN ”条件执行

格式：IF［条件表达式］THEN 宏程序语句

说明：如果满足制定的条件表达式，则执行后面跟随的宏程序语句；否则直接执行下一个程序段。运算符如表 7－3 所列。

例如：IF[2GT1] THEN[＃1＝4]　　//（当 2＞1 条件成立时，＃1 被赋值为 4)//

提示：条件表达式必须包括运算符，运算符插在两个变量或者一个变量与一个常数之间。整个条件表达式用一对方括号“[　]”封闭。变量也可以用一个表达式代替。

表 7－3　运算符

运算符	含　义
EQ	等于
NE	不等于
GT	大于
GE	大于等于
LT	小于
LE	小于等于

【例题 2】求 1～100 的阶乘。

```
O6000;
#1=1;                                  //定义乘数存储变量//
#2=0;                                  //定义被乘数//
N10 IF[#2LT100] THEN [#2+1]            //辨别被乘数大小:小
                                         于 100 执行加 1 运算//
#1=#1*#2                               //进行乘法运算//
GOTO 10                                //无条件跳转到 N1//
```

N20 M30;　　　　　　　　　　　　//程序结束//

3. WHILE 条件循环

格式:WHILE［条件表达式］DO m(m=1,2,3)

…

END m

说明:在 WHILE 后面制定一个条件表达式。当制定条件得到满足时,执行从 DO 到 END 之间的程序;否则,转而执行 END 后面的程序。

提示:

1)m=1,2,3,是循环标号,最多嵌套三层,如图 7-4;

2)循环标号可以反复使用,如图 7-5;

3)不可以存在交叉循环,如图 7-6;

4)如果仅写了 DO 和 END 两条语句,而没有 WHILE 语句进行判别,将造成无限循环。

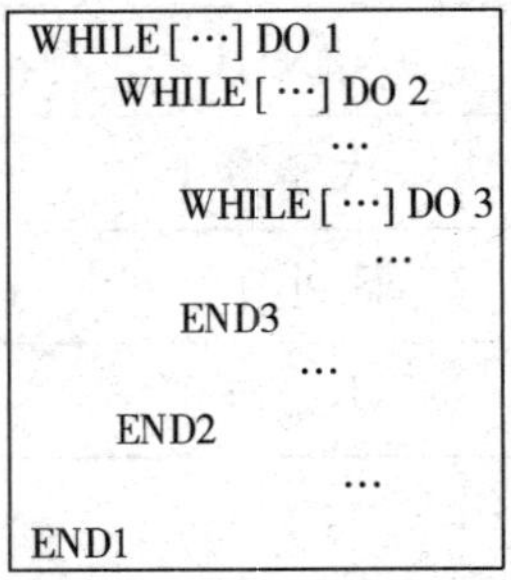

图 7-4　嵌套三层

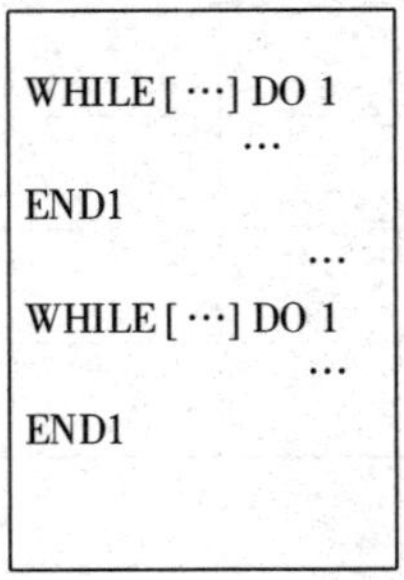

图 7-5　反复使用

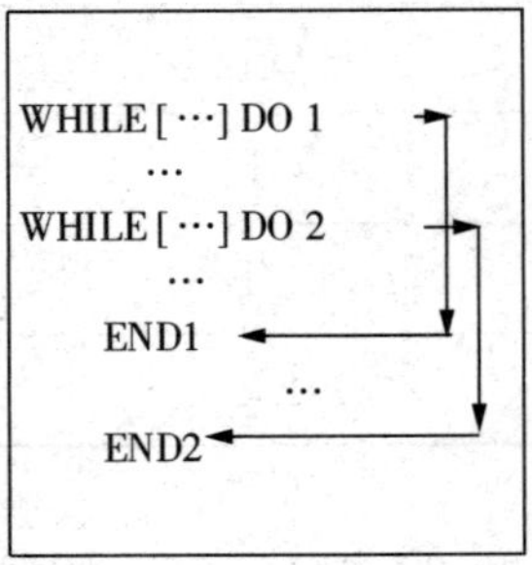

图 7-6　不可以交叉循环

任务二　宏程序编程练习

【例题 1】如图 7-7 所示,完成其精加工编程。

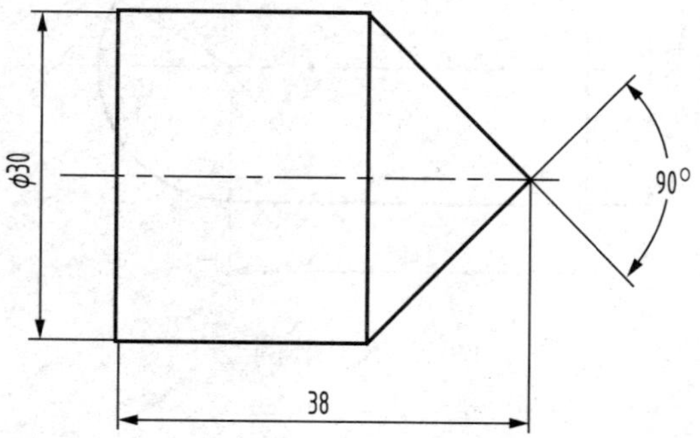

图 7-7　示例一

```
O0701;
M03S1000T0101F0.1;
G00X0Z3;
G01Z0;                    //切削靠近工件//
#2=0;                     // X向变量初始值//
WHILE[#2LE15]DO1;         //判别变量数值是否满足跳出条件//
G01X[#2*2]Z[-#2];         //控制刀具加工45°线//
#2=#2+0.5;                //每增量加0.5,计算一个节点坐标//
END1;                     //循环结束返回判别语句//
G01Z-38;                  //切削φ30的外圆//
G00X100;
Z100;
M05;
M30;
```

【例题 2】圆弧宏程序编程练习，根据图 7-8 所示，用宏程序编程精加工圆弧程序。

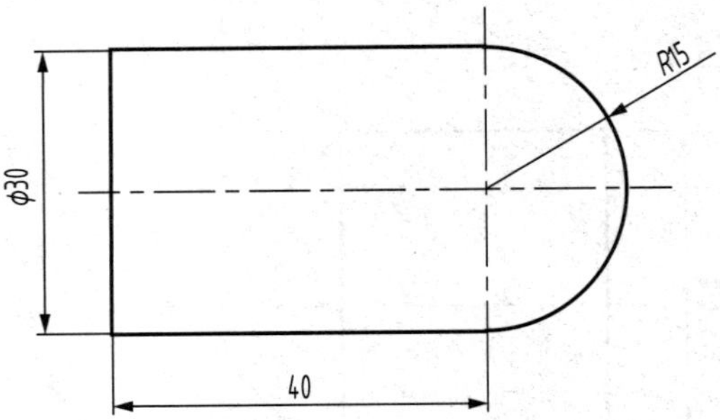

图 7-8　示例二

```
O0702;
M03S800T0101F0.1;
G00X0Z5;
G01Z0;
#1=0;                              //X向变量赋值//
WHILE[#1LE15]DO1;                  //判断圆的加工位置//
#2=SQRT[15*15-#1*#1]               //计算对应的Z值//
G01X[#1*2]Z[#2-15];                //控制刀具移动//
#1=#1+0.5;                         //计算X向的增量//
END1;                              //循环结束返回判别语句//
Z-55;
G00X100;
Z100;
```

【例题 3】根据图 7-9 所示，编制出椭圆轮廓的精加工程序。

```
O0703                              //程序名//
M03S800T0101F0.1;                  //主轴转速进给速度设置
                                     并换刀//
G00X0Z5;                           //快速定位//
G01Z0;                             //切削靠近工件//
```

```
#1=30;                              //Z向变量//
WHILE[#1GE0]DO1;                    //椭圆加工终点判断//
#2=15*SQRT[1-#1*#1/900]             //根据值计算X值//
G01X[2*#2]Z[#1-30]                  //控制刀具移动//
#1=#1-0.5;                          //Z向每增0.5毫米,计
                                      算节点坐标//
END1;                               //循环结束返回判别语句//
G01Z-70;
G00X80;
Z100;
```

注意:宏程序编程是利用线段拟合加工出各种曲线直线的轮廓,这就需要计算出各线段的节点坐标,每个节点的坐标轴向距离,靠编程者给出,通过宏程序计算出个节点坐标。

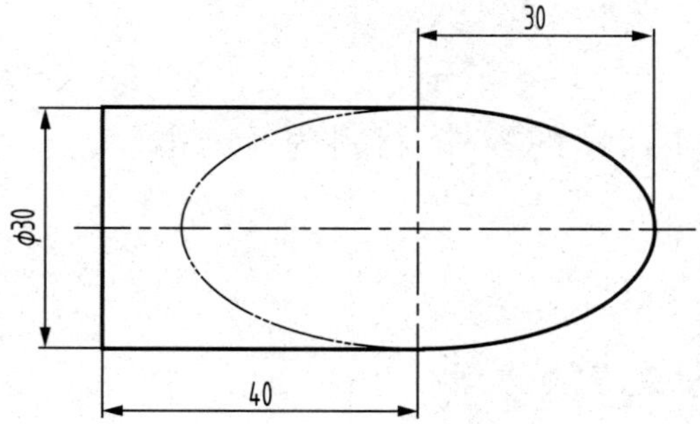

图7-9　示例三

项目八　宏程序综合训练

项目目标

1. 掌握宏程序基本指令的应用；
2. 掌握曲线方程的宏程序编程。

任务一　宏程序应用训练一

加工如图 8 - 1 所示的零件，材料为 $45^{\#}$ 钢。

一、工艺分析

1. 分析结构确定装夹方案

零件的结构由内圆柱面、椭圆面等结构组成，最大直径为 26mm，可采用直径为 28mm 的毛坯料，使用自定心三爪卡盘装夹，在一次装夹中完成加工。

2. 工件原点

以工件右端面的圆心为工件的原点，建立工件坐标系。

3. 刀具选择

1)采用 93°外圆车刀，刀片为 35°菱形 $R0.4$，刀号、刀补均为 1 号。

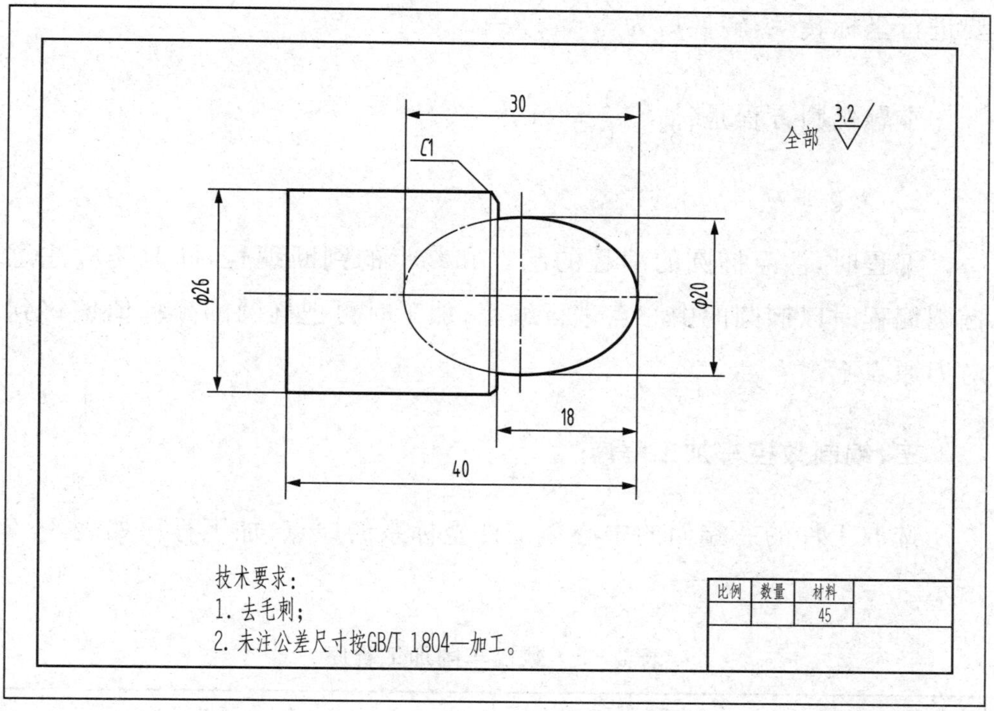

图 8-1　示例一

4. 加工工艺卡

加工工艺卡如表 8-1 所示。

表 8-1　数控加工工艺卡

工步号	工步内容	刀具号	主轴转速 S(r/min)	进给速度 F(mm/r)	背吃刀量 a_p(mm)
1	粗/精车外圆	T0101	600/1000	0.2/0.1	1/0.5
2	切断刀	T0202	350	0.05	

二、学习相关编程知识

1. 椭圆方程

$\frac{X^2}{a^2}+\frac{Y^2}{b^2}=1$ 方程变量是 X 和 Y 值，数控车编程变量是 X 和 Z 值，

要进行坐标转换，转换后为$\frac{Z^2}{a^2}+\frac{X^2}{b^2}=1$。

本题椭圆方程是$\frac{X^2}{15^2}+\frac{Y^2}{10^2}=1$

2. 注意事项

编程时，注意椭圆的编程的起点和终点的判断编程，同时还应注意椭圆编程时以椭圆的中心点进行编程，加工时再把椭圆的坐标值偏移到对刀原点上。

三、编制数控车加工程序

选取工件的右端面的中心为工件坐标系的原点，加工程序如表8-2所示。

表8-2 数控车削加工程序

程序段号	程序内容	含　义
	O0801	程序名
N10	M03S600T0101；	主轴正转，转速为600r/min，选1号刀
N20	G00X28Z2；	快速定位到循环起点
N30	G71U1R0.5；	粗车循环，背吃刀量为1mm，退刀量为0.5mm
N40	G71P50Q180U0.5F0.2；	精车余量为0.5mm，进给速度为0.3mm/r
N50	G00X0；	快速定位到Φ24
N60	G01Z0；	切削靠近工件
N70	＃1＝15；	椭圆起点的Z向坐标值为15
N80	WHILE[＃1GE0]DO1；	判断椭圆的加工范围

（续表）

程序段号	程序内容	含　义
N90	＃2＝10＊SQRT［1－＃1＊＃1/225］	计算 X 向的节点坐标值
N100	G01X［2＊＃2］Z［＃1－15］；	控制刀具切削
N110	＃1＝＃1－0.5；	控制节点的步距
N120	END1；	循环结束返回判别语句
N130	G01X20Z－15；	切削定位
N140	Z－18；	切削 Φ20 的外圆
N150	X24；	退刀
N160	X26Z－19；	切削倒角
N170	Z－48；	切削 Φ26 的外圆
N180	X28；	退刀
N190	G70P50Q180S1000F0.1；	精车循环，主轴转速为 1000r/min，0.1mm/r
N200	G00X100；	快速退刀
N210	Z100；	快速退刀
N220	T0202；	换刀切断
N230	M03S350F0.05；	
N240	G00X30Z－48；	
N250	G01X0；	切断
N260	G00X100；	
N270	Z100；	
N280	M05；	
N290	M30；	

任务二　宏程序应用训练二

加工如图 8-2 所示的零件，材料为 45# 钢。

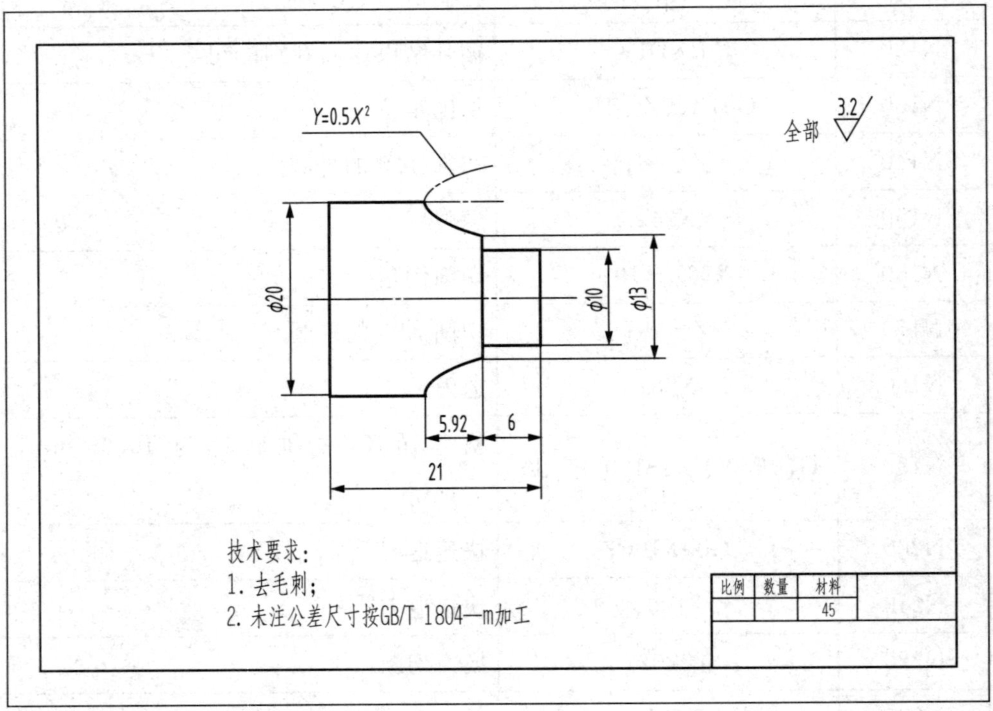

图 8-2　示例二

一、工艺分析

1. 分析结构确定装夹方案

零件的结构由内圆柱面、抛物线面等结构组成，最大直径为 20mm，可采用直径为 22mm 的毛坯料，使用自定心三爪卡盘装夹，在一次装夹中完成加工。

2. 工件原点

以工件右端面的圆心为工件的原点，建立工件坐标系。

3. 刀具选择

1)采用93°外圆车刀，刀片为35°菱形 $R0.4$，刀号、刀补均为1号。

2)采用切断刀，宽为3mm，刀号、刀补均为3号。

4. 加工工艺卡

加工工艺卡如表8-3所示。

表8-3　数控加工工艺卡

工步号	工步内容	刀具号	主轴转速 S(r/min)	进给速度 F(mm/r)	背吃刀量 a_p(mm)
1	粗/精车外圆	T0101	600/1000	0.2/0.1	1/0.5
2	切断刀	T0202	350	0.05	—

二、学习相关编程知识

1. 抛物线方程

$Y=AX^2$ 是关于 X 和 Y 的方程，其中 A 为常数，本题抛物线方程式转换 X 和 Z 轴后为 $Z=0.5X^2$。

2. 注意事项

编程时，注意抛物线的编程的起点和终点的判别式的编程。

三、编制数控车加工程序

选取工件的右端面的中心为工件坐标系的原点，加工程序如表8-4所示。

表 8-4　数控车削加工程序

程序段号	程序内容	含　义
	O0802	程序名
N10	M03S600T0101;	主轴正转,转速为 600r/min,选 1 号刀
N20	G00X49Z2;	快速定位到循环起点
N30	G71U1R0.5;	粗车循环,背吃刀量为 1mm,退刀量为 0.5mm
N40	G71P50Q160U0.5F0.3;	精车余量为 0.5mm,进给速度为 0.3mm/r
N50	G00X10;	快速定位到 Φ24
N60	G01Z－6;	
N70	X13;	抛物线的起点位置
N80	＃1＝5.92;	抛物线起点位置的 Z 向坐标
N90	WHILE[＃1GE0]DO1;	判断抛物线的加工范围
N100	＃2＝SQRT[＃1/0.5]	计算 X 向的节点坐标值
N110	G01X[20－2＊＃2] Z[＃1－11.92];	控制刀具切削抛物线
N120	＃1＝＃1－0.5;	控制节点的步距
N130	END1;	
N140	G01X20Z－11.92;	
N150	Z－24;	
N160	X22	
N170	G70P50Q160S1000F0.1;	精车循环,主轴转速为 1000r/min,0.1mm/r
N180	G00X100Z100;	退到换刀点
N190	T0202;	换切断刀

（续表）

程序段号	程序内容	含　义
N200	M03S350；	
N210	G00X23Z－24；	
N220	G01X0F0.05；	
N230	X24；	
N240	G00X100；	
N250	Z100；	
N260	M05；	
N270	M30；	

项目九　宏程序在螺纹加工中的应用

项目目标

1. 熟练掌握曲线轮廓程序编程；
2. 掌握异形螺纹的加工方法；
3. 掌握异形螺纹的宏程序编程。

任务一　椭圆轮廓上三角螺纹的加工

加工如图 9－1 所示的零件，材料为 $45^{\#}$ 钢。

一、工艺分析

1. 分析结构确定装夹方案

零件的结构由内圆柱面、椭圆螺纹等结构组成，最大直径为 40mm，可采用直径为 42mm 的毛坯料，使用自定心三爪卡盘装夹，在 2 次装夹中完成加工。

2. 工件原点

以工件右端面的圆心为工件的原点，建立工件坐标系。

3. 刀具选择

1)采用 93°外圆车刀,刀片为 35°菱形 $R0.4$,刀号、刀补均为 1 号。

2)采用切断刀,宽为 3mm,刀号、刀补均为 2 号;

3)采用螺纹车刀,刀号、刀补均为 3 号。

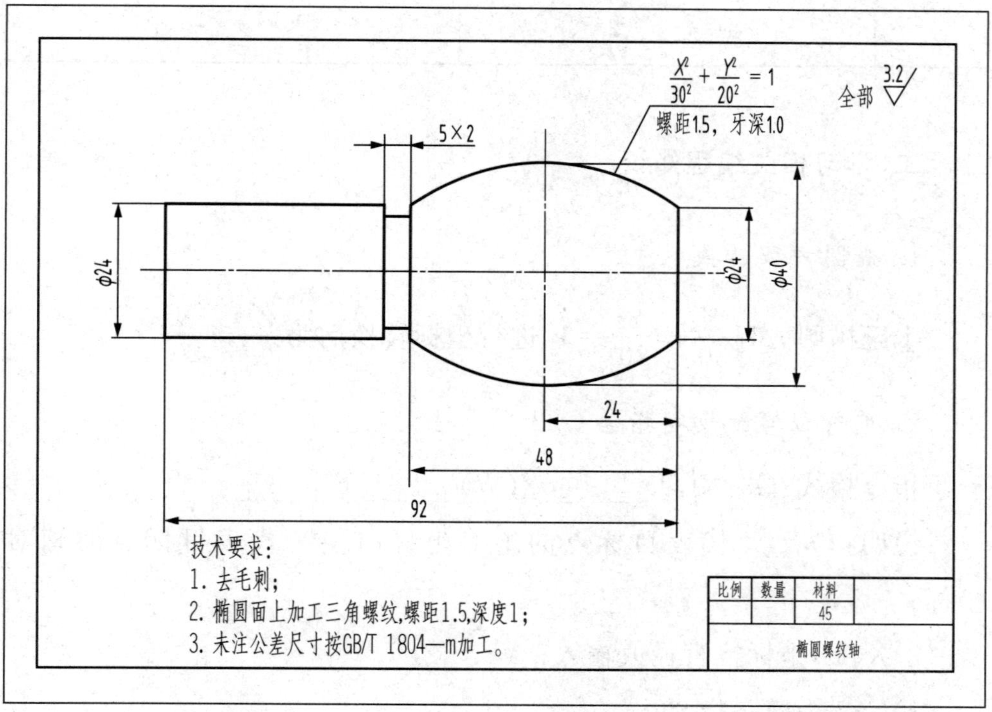

图 9-1　椭圆螺纹轴

4. 加工工艺卡

加工工艺卡如表 9-1 所示。

表 9-1　数控加工工艺卡

工步号	工步内容	刀具号	主轴转速 S(r/min)	进给速度 F(mm/r)	背吃刀量 a_p(mm)
1	粗/精车左外圆	T0101	600/1000	0.2/0.1	1/0.5

（续表）

工步号	工步内容	刀具号	主轴转速 S(r/min)	进给速度 F(mm/r)	背吃刀量 a_p(mm)
2	粗/精车右外圆	T0101	600/1000	0.2/0.1	1/0.5
3	切槽	T0202	350	0.05	—
4	加工螺纹	T0303	500		

二、学习相关编程知识

1. 椭圆方程转换

本题椭圆方程$\frac{X^2}{30^2}+\frac{Y^2}{20^2}=1$，进行坐标转换后为$\frac{Z^2}{30^2}+\frac{X^2}{20^2}=1$。

2. 单行程螺纹切削指令 G32

指令格式：G32X(U)______ Z(W)______ F ______；

说明：1）X，Z 代表目标点的绝对坐标；U，W 代表目标点的相对坐标；

2）X(U)坐标按直径值输入；

3）G32 为模态指令；

4）F 表示螺纹的导程；

用途：主要用于加工圆柱、圆锥螺纹，也可用于加工连续螺纹。

3. 椭圆螺纹加工知识

1）编程时，注意椭圆轮廓面的编程的起点和终点的判别式的编程。

2）加工螺纹时，采用合适的螺纹车刀，防止螺纹刀头与椭圆部分干涉。

3）先加工椭圆面，在椭圆面的基础上利用 G32 加工一段段的螺纹，来拟合椭圆螺纹，再分层加工螺纹。

三、编制数控车加工程序

选取工件的右端面的中心为工件坐标系的原点，加工程序如表9-2所示。

表9-2　数控车削加工程序

程序段号	程序内容	含　义
	O0901	程序名
N10	M03S600T0101;	主轴正转，转速为600r/min，选1号刀
N20	G00X42Z2;	快速定位到循环起点
N30	G71U1R0.5;	粗车循环，被吃刀量为1mm，退刀量为0.5mm
N40	G71P50Q70U0.5F0.3;	精车余量为0.5mm，进给速度为0.3mm/r
N50	G00X24;	快速定位到Φ24
N60	G01Z—46;	
N70	G00X42;	
N80	G70P50Q70U0.5S1000F0.2;	精车循环，主轴转速为1000r/min，0.1mm/r
N90	G00X100;	
N100	G00Z100;	
N110	M05;	
N120	M30;	
	O0902	加工椭圆
N10	M03S600T0101;	主轴正转，转速为600r/min，换1号刀
N20	G00X42Z2;	快速定位循环起点

（续表）

程序段号	程序内容	含　义
N30	G73U8R8；	椭圆粗车切削循环
N40	G73P50Q150U0.5F0.3；	精车余量为 0.5mm，进给速度为 0.3mm/r
N50	G00X24；	快速定位
N60	G01Z0；	切削靠近工件
N70	＃1＝24；	椭圆起点的 Z 向坐标值为 15
N80	WHILE[＃1GE－24]DO1；	判断椭圆的加工范围
N90	＃2＝20 * SQRT [1－＃1 * ＃1/900]	计算 X 向的节点坐标值
N100	G01X[2 * ＃2]Z[＃1－24]；	控制刀具切削
N110	＃1＝＃1－0.5；	控制节点的步距
N120	END1；	
N130	G01X24Z－48；	
N140	W－5；	
N150	G00X42；	
N160	G70P50Q150S1000F0.1；	精车循环
N170	G00X100	快速退刀
N180	Z100；	快速退刀
N190	T0202；	换切槽刀
N200	M03S350；	
N210	G00Z－53；	
N220	X25；	
N230	G01X20F0.05；	
N240	X26；	

（续表）

程序段号	程序内容	含　义
N250	W2；	
N260	X20；	
N270	X25；	
N280	G00X100；	
N290	Z100；	
N300	T0303；	换螺纹刀
N310	G00X24Z10；	快速定位螺纹加工起点
N320	＃1＝0；	螺纹深度初始值
N330	WHILE[＃1LE1]DO1；	螺纹深度判别式
N340	＃2＝24；	加工椭圆螺纹起点的Z向坐标初始值
N350	WHILE[＃2GE－25]DO2；	判断加工椭圆的加工范围
N360	＃3＝20＊SQRT[1－＃2＊＃2/900]	计算椭圆螺纹的X向坐标值
N370	＃4＝2＊[＃3－＃1]；	计算椭圆螺纹的X向终点坐标值
N380	＃5＝＃2－24；	计算椭圆螺纹的Z向终点坐标值
N390	G32X＃4Z＃5F1.5；	加工椭圆螺纹，螺距为1.5mm
N400	＃2＝＃2－0.5；	加工椭圆螺纹的步距
N410	END2；	
N420	G00X45；	快速退刀
N430	Z10；	快速退刀
N440	X[24－＃1]；	快速定位椭圆螺纹的加工深度
N450	＃1＝＃1＋0.2；	控制每次加工椭圆螺纹增加的深度
N460	END1	
N470	G00X100；	

（续表）

程序段号	程序内容	含　义
N480	Z100；	
N490	M05；	
N500	M30；	

任务二　圆弧螺纹的加工

加工如图 9－2 所示的零件，材料为 45# 钢。

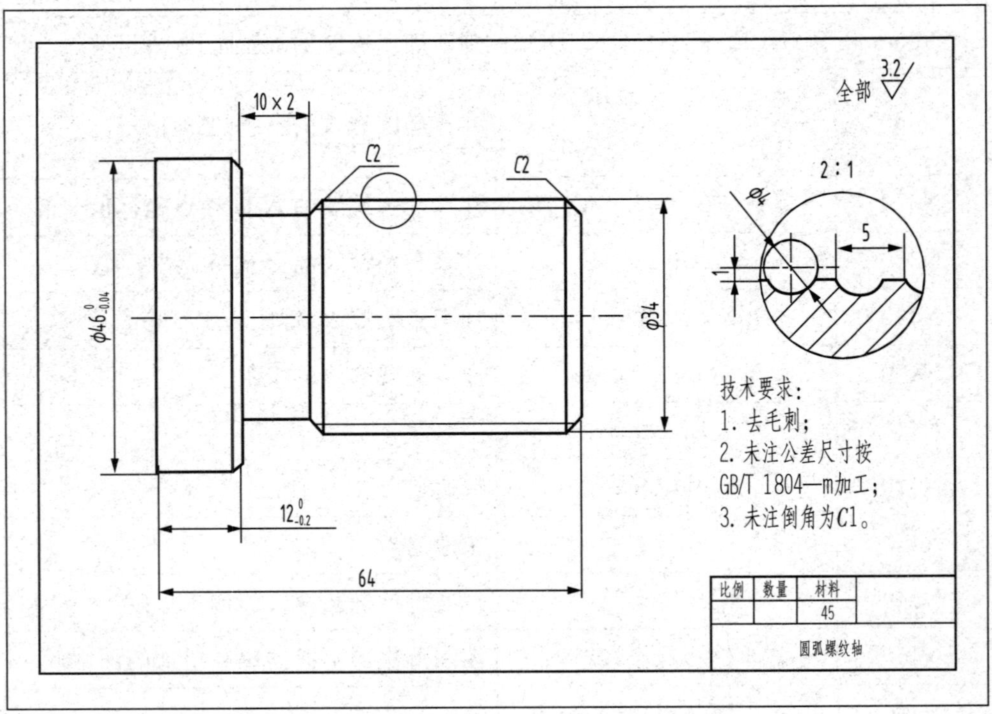

图 9－2　圆弧螺纹轴

一、工艺分析

1. 分析结构确定装夹方案

零件的结构由内圆柱面、椭圆螺纹等结构组成，最大直径为 42mm，可采用直径为 48mm 的毛坯料，使用自定心三爪卡盘装夹，在 1 次装夹中完成加工。

2. 工件原点

以工件右端面的圆心为工件的原点，建立工件坐标系。

3. 刀具选择

1)在采用拟合方法加工圆弧螺纹，选择刀具时，以不发生干涉的刀具为合适。本题加工外圆和螺纹采用同一把车刀，采用 90°外圆车刀，刀片为 30°菱形 $R0.4$，刀号、刀补均为 1 号。

2)采用切断刀，宽为 3mm，刀号、刀补均为 2 号；

4. 加工工艺卡

加工工艺卡如表 9－3 所示。

表 9－3　数控加工工艺卡

工步号	工步内容	刀具号	主轴转速 S(r/min)	进给速度 F(mm/r)	背吃刀量 a_p(mm)
1	粗/精车外圆	T0101	600/1000	0.2/0.1	1/0.5
2	切槽	T0202	350		—
3	加工螺纹	T0101	500		
4	切断	T0202	350		

二、学习相关编程知识

1. 圆弧螺纹加工方法和思路

本题圆弧螺纹的加工，可以用半径为 2 的圆弧车刀加工，其他直径的圆弧螺纹就要采用其他直径的圆弧车刀，圆弧螺纹也可以用刀片为35度的外圆车刀加工，也就是拟合法加工，通过不断改变车刀的起刀点位置对螺纹进行加工。如图 9－3 所示。

2. 加工圆弧螺纹注意事项

1）本题圆弧螺纹最深的牙深是1mm，所有不需要分层切削，一次切削到牙深，编程时需要一个拟合圆弧循环语句，如加工圆弧螺纹牙深比较大时，需要分层加工，这时还要加一个分层加工的循环语句来完成。

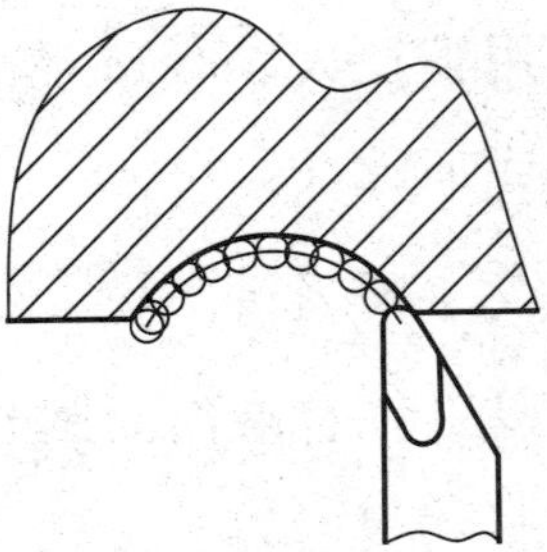
图 9－3　拟合法加工圆弧螺纹

2）编程时，圆弧螺纹的起点和终点坐标不是特殊值，这时需要计算起点的坐标，也可以扩大圆弧的加工范围，可以按半圆加工，这时起点坐标就比较好编程了。

3. 圆的方程式转换

圆的方程式为 $X^2+Y^2=4$，转换坐标后为 $Z^2+X^2=4$。

三、编制数控车加工程序

选取工件的右端面的中心为工件坐标系的原点，加工程序如表 9－4 所示。

表 9－4　数控车削加工程序

程序段号	程序内容	含　　义
	O0903	程序名
N10	M03S600T0101；	主轴正转，转速为 600r/min，选 1 号刀
N20	G00X48Z2；	快速定位到循环起点

（续表）

程序段号	程序内容	含　义
N30	G71U1R0.5；	粗车循环，背吃刀量为 1mm，退刀量为 0.5mm
N40	G71P50Q120U0.5F0.3；	精车余量为 0.5mm，进给速度为 0.3mm/r
N50	G00X30；	快速定位到 Φ24
N60	G01Z0；	
N70	X34Z－2；	
N80	Z－52；	
N90	X44；	
N100	X46W－1；	
N110	Z－67；	
N120	X48；	
N130	G70P50Q120S1000F0.1；	精车循环，主轴转速为 1000r/min，0.1mm/r
N140	G00X100Z100；	
N150	T0202；	换槽刀，准备切槽
N160	M03S350；	
N170	G00X48Z－52；	
N180	G01X30F0.05；	
N190	X35；	
N200	W3；	
N210	X30；	
N220	X35；	
N230	W3；	

（续表）

程序段号	程序内容	含　义
N240	X30；	
N250	X35；	
N260	W2；	
N270	X30；	
N280	X35；	
N290	W2；	
N300	X34；	
N310	X30W－2；	
N320	X35；	
N330	G00X100；	
N340	Z100；	
N350	T0101；	换外圆车刀，准备加工螺纹
N360	M03S400；	
N370	G00X36Z12；	
N380	＃1＝2；	圆弧起点 Z 向坐标为变量
N390	WHILE[＃1GE－2]DO1；	判断圆弧螺纹的加工范围
N400	＃2＝SQRT [4－＃1 * ＃1]；	计算圆弧的 X 向坐标值
N410	＃3＝36－2 * ＃2；	计算圆弧 X 值在工件中的坐标值
N420	G00X[＃3＋4]Z[＃1＋10]；	走到圆弧螺纹的循环起点
N430	G92X＃3Z－46F5；	加工螺纹
N440	＃1＝＃1－0.1；	走刀的步距
N450	END1；	
N460	G00X100Z100；	

（续表）

程序段号	程序内容	含　　义
N470	M03S350T0202；	
N480	G00X49Z－67；	
N490	G01X0F0.05；	
N500	M05；	
N510	M30；	

项目十　配合件加工

项目目标

1. 掌握配合件加工的工艺分析能力；
2. 能熟练编制数控加工程序；
3. 能优化加工程序；

任务一　配合件综合训练一

加工如图 10－1 所示的零件，材料为 45# 钢。

一、工艺分析

1. 分析结构确定装夹方案

该配合件由两件组合，最大直径为 48mm，可采用直径为 50mm 的两个毛坯料加工，零件一由内圆柱面、锥面、槽、螺纹等结构组成，零件二由椭圆面、内锥孔、内螺纹等结构组成。

零件二没有直径的可靠地装夹面，可先加工其内孔结构、内槽、内螺纹并保证总长，再在两次装夹中完成零件二的加工，再使件二和件一配合后，装夹零件一来完成零件二的椭圆面部分的加工。

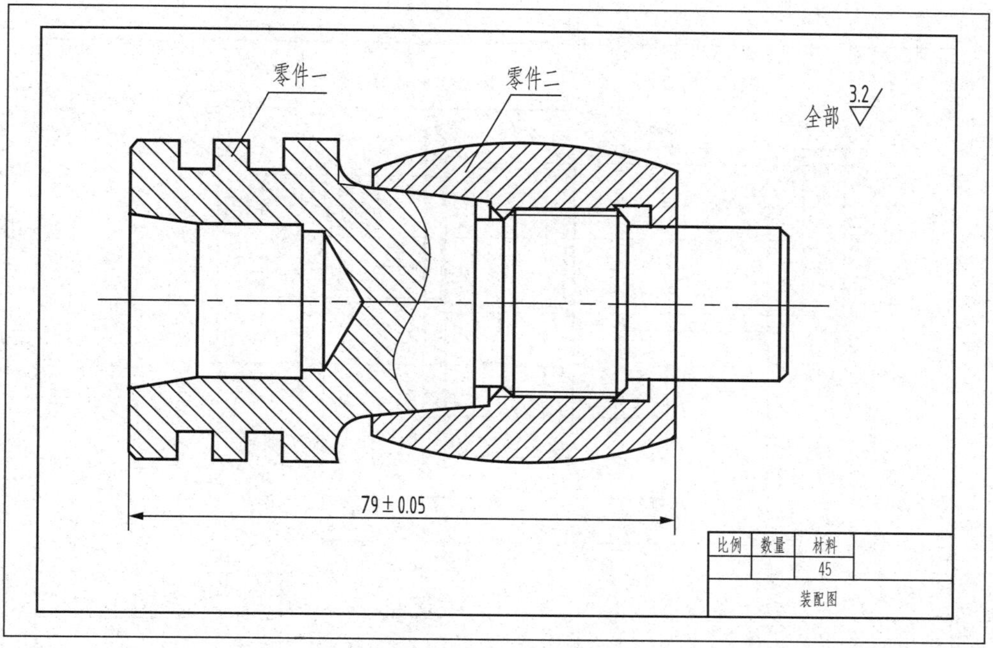

图 10－1(a)　装配图

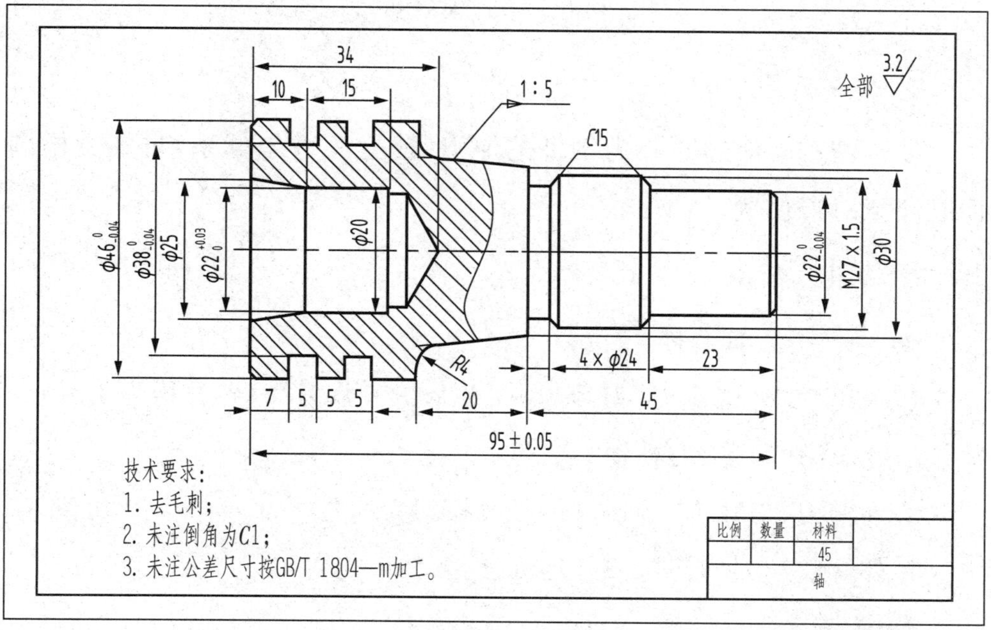

图 10－1(b)　轴零件

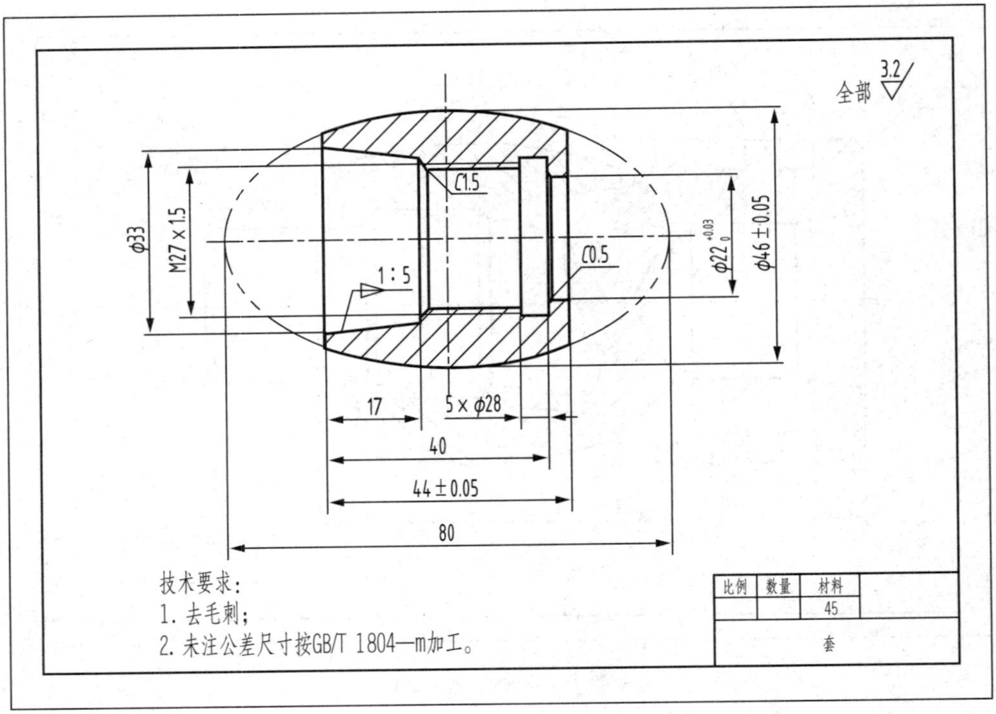

图 10-1(c) 套零件

2. 工件原点

以工件右端面的圆心为工件的原点,建立工件坐标系,再加工椭圆面时注意对刀位置。

3. 刀具选择

◆ 零件一刀具选择

1)采用 93°外圆车刀,刀片为 35°菱形 $R0.4$,刀号、刀补均为 1 号;

2)孔车刀,刀号、刀补均为 2 号;

3)外槽刀,刀宽为 3mm,刀号、刀补均为 3 号;

4)外螺纹车刀,刀号、刀补均为 4 号。

◆ 零件二刀具选择

1)采用 93°外圆车刀,刀片为 35°菱形 $R0.4$,刀号、刀补均为 1 号;

2)内孔车刀,刀号、刀补均为 2 号;

3)内槽刀,刀宽为 3mm,刀号、刀补均为 3 号;

4)内螺纹车刀,刀号、刀补均为 4 号。

4. 加工工艺卡

加工工艺卡如表 10-2 所示。

表 10-2　数控加工工艺卡

工步号	工步内容	刀具号	主轴转速 S(r/min)	进给速度 F(mm/r)	背吃刀量 a_p(mm)
1	零件二钻直径为 20mm 的孔		350		
2	粗/精车零件二内孔	T0202	600/1000	0.2/0.1	1/0.25
3	车零件二的内槽	T0303	350		
4	车零件二的内螺纹	T0404	400		
5	零件一打孔直径为 20		350		
6	粗精车零件一的内孔	T0202	600/1000	0.2/0.1	1/0.25
7	粗/精车零件一左端外圆	T0101	600/1000	0.2/0.1	1/0.25
8	车零件一左端的槽	T0202	350		
9	粗/精车零件一的右端外圆、锥面	T0101	600/1000	0.2/0.1	1/0.25
10	车零件一的退刀槽	T0202	350		
10	车零件一的螺纹	T0202	400		
11	粗/精车零件二的椭圆面	T0101	600/1000	0.2/0.1	1/0.25

二、学习相关编程知识

1. 配合件的加工注意事项

配合件加工时应注意配件的加工顺序,否则就完成不了配合件的加工,主要是因为有些零件没有可靠的装夹面,需要借助配合的零件来进行装夹加工。

2. 椭圆面的加工

椭圆面加工时注意对刀点,可以把椭圆面的右端的中心处作为对刀的位置,对刀时 X 值已对好,可以只对 Z 值即可。

三、编制数控车加工程序

选取工件的右端面的中心为工件坐标系的原点,加工程序如表 10-2 所示。

表 10-2 数控车削加工程序

程序段号	程序内容	含　　义
	O1001	程序名
N10	M03S600T0101;	加工零件二的内孔结构
N20	G00X20Z2;	
N30	G71U1R0.5;	
N40	G71P50Q130U-0.5F0.2;	
N50	G00X33;	
N60	G01Z0;	
N70	X29.5Z-17;	
N80	X25.05;	
N90	Z-40;	
N100	X23;	
N110	X22W-0.5;	
N120	Z-45;	
N130	X20;	
N140	G70P50Q130S1000F0.1;	精车循环,主轴转速为 1000r/min,0.1mm/r

（续表）

程序段号	程序内容	含　义
N150	G00X100；	
N160	Z100；	
N170	T0303；	加工零件二的内槽
N180	M03S350F0.05；	
N190	G00X24；	
N200	－38；	
N210	G01X28F0.05；	
N220	X24；	
N230	W－2；	
N240	X28；	
N250	X24；	
N260	G00Z20；	
N270	X100；	
N280	Z100；	
N290	T0404；	加工零件二的内螺纹
N300	G00X23；	
N310	Z－10；	
N320	G92X25.05Z－37F1.5；	
N330	X25.6；	
N340	X26；	
N350	X26.4；	
N360	X26.8；	
N370	X27；	

（续表）

程序段号	程序内容	含　义
N380	X27；	
N390	G00X100；	
N400	Z100；	
N410	M05；	
N420	M30；	
	O1002	
N10	M03S600T0101；	加工零件一的左端外圆
N20	G00X48Z2；	
N30	G71U1R0.5；	
N40	G71P50Q90U0.5F0.2；	
N50	G00X44；	
N60	G01Z0；	
N70	X46Z－1；	
N80	Z－31；	
N90	X48；	
N100	G70P50Q90S1000F0.1；	精车循环，主轴转速为 1000r/min，0.1mm/r
N110	G00X100；	
N120	Z100；	
N130	T0303；	加工零件一的左端的槽结构
N140	M03S350；	
N150	G00X48Z－10；	
N160	G01X38F0.05；	
N170	X47；	

（续表）

程序段号	程序内容	含　　义
N180	W－2；	
N190	X38；	
N200	X47；	
N210	G00Z－20；	
N220	G01X38；	
N230	X47；	
N240	W－2；	
N250	X38；	
N260	X47；	
N270	G00X100；	
N280	Z100；	
N290	T0202；	加工零件一左端的内孔结构
N300	M03S600；	
N310	G00X20Z5；	
N320	G71U1R0.5；	
N330	G71P340Q380U－0.5F0.2；	
N340	G00X25；	
N350	G01Z0；	
N360	X22Z－10；	
N370	Z－25；	
N380	X20；	
N390	G70P340Q380S1000F0.1；	精车循环，主轴转速为 1000r/min，0.1mm/r
N400	G00X100；	

（续表）

程序段号	程序内容	含　　义
N410	Z100；	
N420	M05；	
N430	M30；	
	O1003	加工零件一的右端结构倒圆弧程序
N10	M03S600T0101；	
N20	G00X48Z5；	
N30	G71U1R0.5；	
N40	G71P50Q140U0.5F0.2；	
N50	G00X20；	
N60	G01Z0；	
N70	X22Z−1；	
N80	Z−23；	
N90	X24；	
N100	X27W−1.5；	
N110	Z−45；	
N120	X30；	
N130	X34Z−65R4；	
N140	X48；	
N150	G70P50Q140S1000F0.1；	精车循环，主轴转速为 1000r/min，0.1mm/r
N160	G00X100；	
N170	Z100；	
N180	M03S350T0303；	加工零件一的右端退到槽
N190	G00X32Z−45；	

（续表）

程序段号	程序内容	含　义
N200	G01X24；	
N210	X28；	
N220	W2.5；	
N230	X27；	
N240	X24W－1.5；	
N250	X28；	
N260	G00X100；	
N270	Z100；	
N280	M03S400T0404；	加工零件一的螺纹结构
N290	G00X30Z－15；	
N300	G92X26.4Z－42F1.5；	
N310	X26；	
N320	X25.6；	
N330	X25.2；	
N340	X25.05；	
N350	X25.05；	
N360	G00X100；	
N370	Z100；	
N380	M05；	
N390	M30；	
	O1004	加工零件二的椭圆面
N10	M03S600T0101；	
N20	G00X48Z5；	

（续表）

程序段号	程序内容	含　　义
N30	G71U1R0.5；	
N40	G71P50Q140U0.5F0.2；	
N50	G00X38.4；	
N60	G01Z0；	
N70	#1=22；	椭圆的 Z 向初始值
N80	WHILE[#1GE-22]DO1；	加工椭圆的范围判别式
N90	#2=23*SQRT[1-#1*#1/1600]；	X 坐标值
N100	G01X[2*#2]Z[#1-22]；	车削椭圆
N110	#1=#1-0.5；	加工椭圆的步距
N120	END1；	
N130	G01Z-45；	
N140	X48；	
N150	G70P50Q140S1000F0.1；	精车循环，主轴转速为 1000r/min，0.1mm/r
N160	G00X100；	
N170	Z100；	
N180	M05；	
N190	M30；	

任务二　配合件综合训练二

加工如图 10-2 所示的零件，材料为 45# 钢。

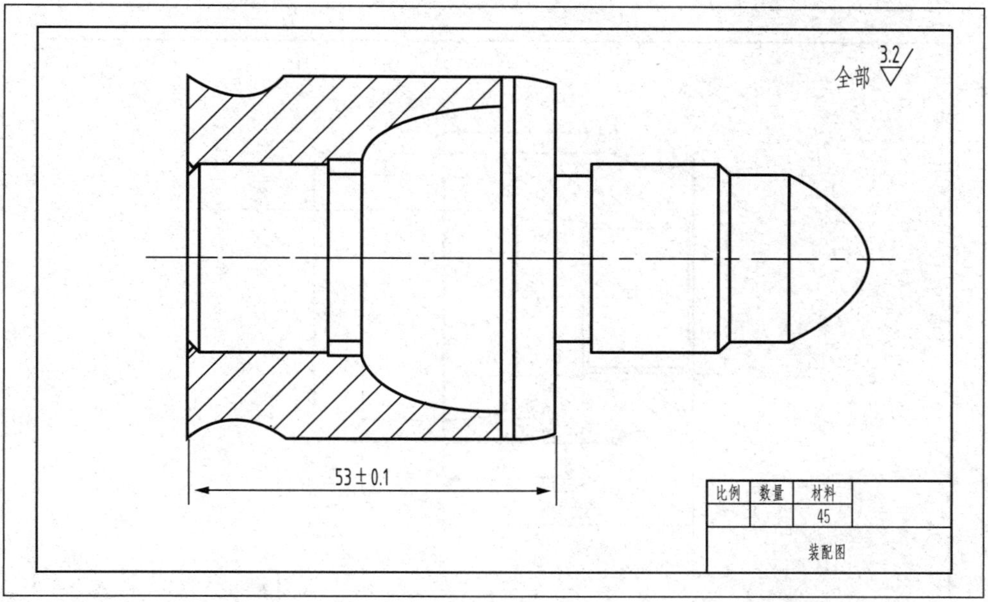

图 10-2(a)　装配图

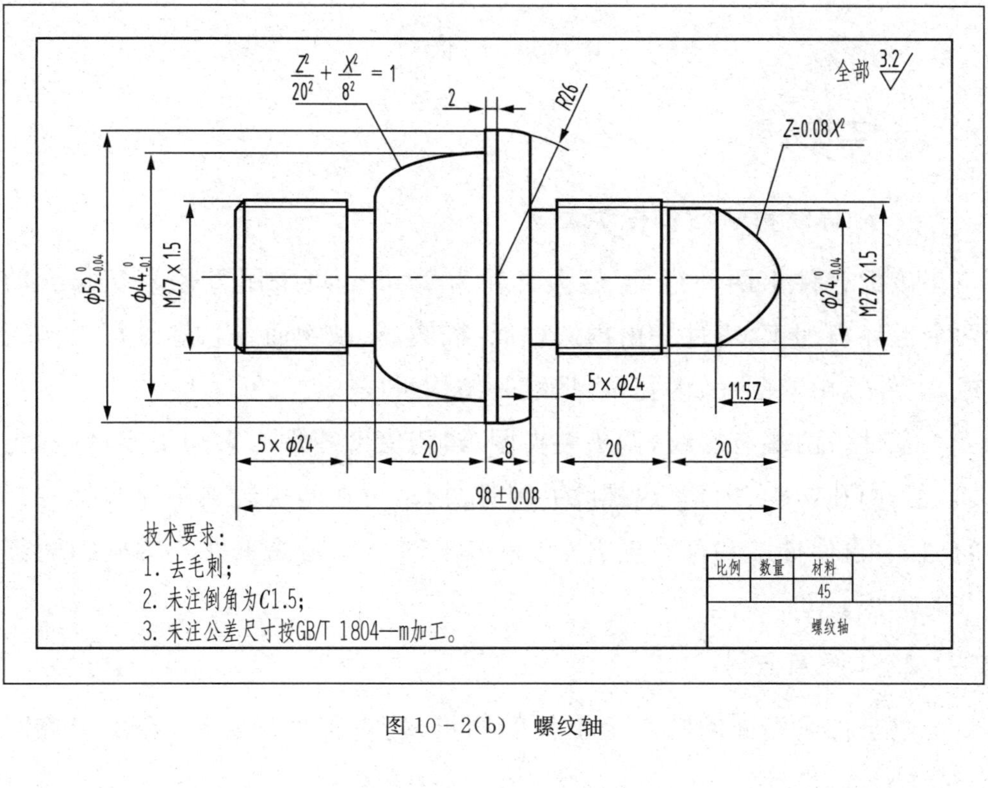

图 10-2(b)　螺纹轴

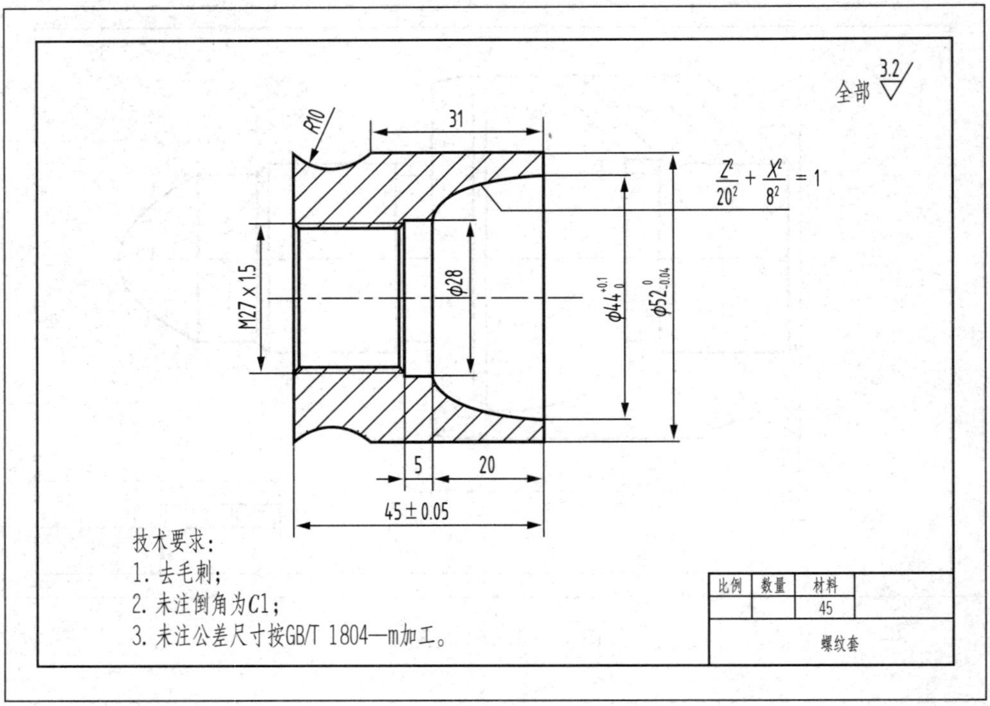

图 10－2(c)　螺纹套

一、工艺分析

1. 分析结构确定装夹方案

该配合件由两件组合，最大直径为 52mm，可采用直径为 54mm 的两个毛坯料加工，零件一由内圆柱面、椭圆面、抛物面、槽、螺纹等结构组成，零件二由椭圆面、内孔、内螺纹等结构组成。

零件一两端有螺纹，调头装夹困难，需借助零件二来加工零件一，先加工其内孔结构、内槽、内螺纹并保证总长，再在两次装夹中完成零件二的加工，再使件二和件一配合后，装夹零件一来完成零件二的椭圆面部分的加工。

2. 工件原点

以工件右端面的圆心为工件的原点，建立工件坐标系，在加工椭圆面时注意对刀位置。

3. 刀具选择

◆ 零件一刀具选择

1)采用93°外圆车刀,刀片为35°菱形 $R0.4$,刀号、刀补均为1号;

2)外槽刀,刀宽为3mm,刀号、刀补均为2号;

3)外螺纹车刀,刀号、刀补均为3号。

◆ 零件二刀具选择

1)采用93°外圆车刀,刀片为35°菱形 $R0.4$,刀号、刀补均为1号;

2)内孔车刀,刀号、刀补均为2号;

3)内螺纹车刀,刀号、刀补均为3号。

4. 加工工艺卡

加工工艺卡如表10-3所示。

表10-3　数控加工工艺卡

工步号	工步内容	刀具号	主轴转速 S(r/min)	进给速度 F(mm/r)	背吃刀量 a_p(mm)
1	零件二钻直径为20mm的孔		350		
2	粗/精车零件二内孔	T0202	600/1000	0.2/0.1	1/0.3
3	车零件二的内螺纹	T0303	400		
4	粗/精车零件一左端外圆	T0101	600/1000	0.2/0.1	1/0.3
5	车零件一左端的退刀槽	T0202	350		
6	车零件一左端的螺纹	T0303	400	0.05	
7	零件二车端面保证总长	T0202			
8	粗/精车零件二、一左端的外圆	T0101	600/1000	0.2/0.1	1/0.3
9	零件一调头保证总长				

（续表）

工步号	工步内容	刀具号	主轴转速 S(r/min)	进给速度 F(mm/r)	背吃刀量 a_p(mm)
10	粗/精车零件一的右端外圆面	T0101	600/1000	0.2/0.1	1/0.3
11	车零件一右端的退刀槽	T0202	350		
12	车零件一右端的螺纹	T0303	400	0.05	

二、学习相关编程知识

1. 装夹确定

此配合件由两件组成互为夹具，来完成加工。

2. 节点计算

零件一的有一段圆弧半径为 26mm，这段圆弧的起点和终点坐标尺寸只告诉一个，另一个需要计算，如图 10－3 所示求 A 的直径值，如果不知道时需要求出。

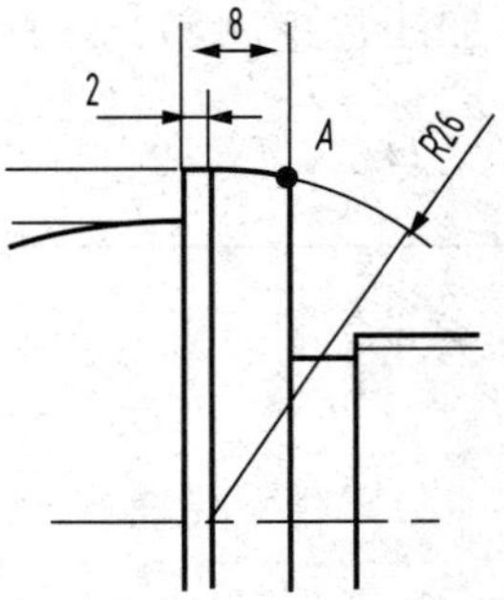

图 10－3　节点示例

计算：1）已知圆的方程为 $X^2+Y^2=26^2$，A 点的 X 值为 $8-2=6$，求 A 点的 Y 值。

2）解：$6^2+Y^2=26^2$，$Y=25.298$，A 点直径值为 $25.298\times2\approx50.596$。

三、编制数控车加工程序

选取工件的右端面的中心为工件坐标系的原点，加工程序如表 10－4 所示。

表 10－4　数控车削加工程序

程序段号	程序内容	含　　义
	O1004	程序名
N10	M03S600T0202；	加工零件二的内孔结构
N20	G00X20Z5；	
N30	G71U1R0.5；	
N40	G71P50Q180U－0.5F0.2；	
N50	G00X44；	
N60	G01Z0；	
N70	＃1＝0；	椭圆 Z 向坐标的初始值
N80	WHILE[＃1GE－20]DO1；	判断椭圆的加工范围
N90	＃2＝8＊SQRT [1－＃1＊＃1/400]；	计算 X 向的坐标值
N100	G01X[2＊＃2＋28]Z＃1；	切削椭圆
N110	＃1＝＃1－0.5；	加工椭圆的步距
N120	END1；	
N130	G01X28Z－20；	
N140	W－5；	
N150	X28.05；	
N160	X25.05W－1.5；	
N170	Z－45；	
N180	X20；	
N190	G70P50Q180S1000F0.1；	精车循环，主轴转速为 1000r/min，0.1mm/r
N200	G00X100；	

（续表）

程序段号	程序内容	含　义
N210	Z100；	
N220	T0303；	加工零件二的内螺纹
N230	M03S400F0.05；	
N240	G00X23Z5；	
N250	Z－15；	
N260	G92X25.05Z－47F1.5；	
N270	X25.6；	
N280	X26；	
N290	X26.4；	
N300	X26.8；	
N310	X27；	
N320	X27；	
N330	G00X100；	
N340	Z100；	
N350	M05；	
N360	M30；	
	O1005	
N10	M03S600T0101；	加工零件一的左端外圆，带有椭圆面
N20	G00X54Z5；	
N30	G71U1R0.5；	
N40	G71P50Q170U0.5F0.2；	
N50	G00X24；	
N60	G01Z0；	

（续表）

程序段号	程序内容	含　　义
N70	X27Z－1.5；	
N80	Z－25；	
N90	X28；	
N100	＃1＝20；	椭圆轮廓的 Z 向坐标初始值
N110	WHILE[＃1GE0]DO1；	椭圆轮廓的加工范围判别式
N120	＃2＝8＊SQRT [1－＃1＊＃1/400]；	X 向的坐标值
N130	G01X[2＊＃2]Z[＃1－45]；	切削椭圆轮廓
N140	＃1＝＃1－0.5；	步距
N150	END1；	
N160	G01X44Z－45；	
N170	X54；	
N180	G70P50Q170S1000F0.1；	精车循环，主轴转速为 1000r/min，0.1mm/r
N190	G00X100；	
N200	Z100；	
N210	M03S350T0202；	加工零件一左端槽
N220	G00X29Z－25；	
N230	G01X24F0.05；	
N240	X28；	
N250	W2；	
N260	X24；	
N270	X28；	
N280	G00X100；	

（续表）

程序段号	程序内容	含　　义
N290	Z100；	
N300	M03S400T0303；	加工零件一左端螺纹
N310	G00X29Z10；	
N320	G92X27Z－22F1.5；	
N330	X26.4；	
N340	X26；	
N350	X25.6；	
N360	X25.2；	
N370	X25.05；	
N380	X25.05；	
N390	G00X100Z100；	
N400	M05；	
N410	M30；	
	O1006	加工零件二的外圆
N10	M03S600T0101；	
N20	G00X54Z2；	
N30	G73U3R3；	
N40	G73P50Q110U0.5F0.2；	
N50	G00X52；	
N60	G01Z0；	
N70	G02X52Z－14R10；	
N80	G01Z－47；	
N90	G03X50.596W－6R26；	

（续表）

程序段号	程序内容	含　义
N100	G01W－1；	
N110	X54；	
N120	G70P50Q110S1000F0.1；	精车循环，主轴转速为 1000r/min，0.1mm/r
N130	G00X100；	
N140	Z100；	
N150	M05；	
N160	M30；	
	O1007	加工零件一的右端外圆，带有抛物线
N10	M03S600T0101；	
N20	G00X54Z5；	
N30	G71U1R0.5；	
N40	G71P50Q170U0.5F0.2；	
N50	G00X0；	
N60	G01Z0；	
N70	＃1＝0；	抛物线轮廓的 Z 向坐标初始值
N80	WHILE [＃1GE－11.57]DO1；	抛物线轮廓的加工范围判别式
N90	＃2＝SQRT[－＃1/0.08]；	X 向的坐标值
N100	G01X[2＊＃2]Z＃1；	切削抛物线轮廓
N110	＃1＝＃1－0.5；	步距
N120	END1；	
N130	G01X24Z－11.5；	
N140	Z－20；	

（续表）

程序段号	程序内容	含　义
N150	X27Z－21.5；	
N160	Z－45；	
N170	X54；	
N180	G70P50Q170S1000F0.1；	精车循环，主轴转速为 1000r/min，0.1mm/r
N190	G00X100；	
N200	Z100；	
N210	M03S350T0202；	加工零件一右端槽
N220	G00X28Z－43；	
N230	G01X24F0.05；	
N240	X28；	
N250	W－2；	
N260	X24；	
N270	X28；	
N280	G00X100Z100；	
N290	M03S400T0303；	加工零件一右端螺纹
N300	G00X27Z－10；	
N310	G92X27Z－21F1.5；	
N320	X26.4；	
N330	X26；	
N340	X25.6；	
N350	X25.2；	
N360	X25.05；	
N370	X25.05；	

（续表）

程序段号	程序内容	含　　义
N380	G00X100；	
N390	Z100；	
N400	M05；	
N410	M30；	

参考文献

[1] 郝继红,甄雪松.数控车削加工技术[M].北京:北京航空航天大学出版社,2008.

[2] 任国兴.数控车床加工工艺与编程操作[M].北京:机械工业出版社,2006.

[3] 高枫,肖卫宁.数控车削编程及操作[M].北京:高等教育出版社,2003.

[4] 袁峰.机床数控技术应用实习指导[M].北京:高等教育出版社,2004.

[5] 米建良.数控车工(中、高级)[M].杭州:浙江科学技术出版社,2005.

[6] 袁锋.数控车床培训教程[M].北京:机械工业出版社,2004.

[7] 何宁.数控原理及应用[M].重庆:重庆大学出版社,2004.

[8] 唐键.数控加工及程序编制基础[M].北京:机械工业出版社,1994.

[9] 金雪龙,李大卫,郝东升.数控车床加工技术[M].北京:中国人民大学出版社,2014.

[10] 邵刚.数控车操作技术[M].合肥:安徽科学技术出版社,2008.

[11] 程叔重.数控加工工艺[M].杭州:浙江大学出版社,2003.